中国概况

PANORAMA

甘

肃

中国概况

中国概况 PANORAMA

甘肃

梁和平　张振宇　编

外文出版社
FOREIGN LANGUAGES PRESS

放眼遥远的历史空间，绵延万里、跨越千年，连接欧亚的丝绸之路，让东西方的几大文明、多元文化形态融合交汇，带来繁荣和活力，从而大大丰富了世界文明，构成了一道震古烁今的历史奇观。

在漫长的历史长河中，45.4万平方公里的甘肃大地，宛如一块瑰丽的玉如意，镶嵌在丝路古道上，并以独特的方式记录下丝绸之路的辉煌。在这条横跨欧亚的通道上，串联起天水、兰州、武威、张掖、酒泉、嘉峪关、敦煌等这些在当时集一时之盛的大都市。甘肃，曾以开放的胸襟、繁盛的姿态，在历史画卷中留下了浓墨绚丽的一笔。

今天，昔日的丝路重镇正在焕发新的神采，彰显空前的活力，兰州新区及7个国家级经济开发区的建设正在吸引世人关注的目光。处在加速转型，升级发展的新阶段的甘肃，正崛起并矗立在丝绸之路经济带的黄金段上，2600万陇原人民正以特有的精神风采续写着新的历史辉煌。

周游于甘肃大地，处处可见文物古迹和历史遗存，被誉为“世界艺术宝库”的敦煌莫高窟、“东方雕塑馆”的麦积山石窟、“天下第一雄关”的嘉峪关城楼和长城遗址、炳灵寺石窟、锁阳城遗址、悬泉置遗址、玉门关遗址共7处被列为世界文化遗产。花儿、环县道情

前言

皮影被列为联合国教科文组织人类非物质文化遗产代表名录。甘肃历史遗迹星罗棋布，绚丽精美，极其珍贵，不仅深深镌刻在人们的记忆里，还给我们留下了可资凭吊和遐想的精神载体，成为甘肃一张张亮丽的名片，而且它们更在诉说着一段辉煌，成为甘肃丝路奏鸣曲中的一个个音符，构建起历史的回响。

悠久的历史，厚重的文化，多姿多彩的晒书民族风情，催生了新的文化创造。蜚声中外的舞剧《丝路花雨》、《大梦敦煌》不仅为世人呈现了高妙的艺术哲思，让凝固的历史复活在舞台，它更传递着甘肃人民开放、友谊的胸襟，和平、交流的期盼。被誉为世界华人心灵读本的《读者》，如一缕缕春雨，滋润着读者的心田，阐释着人间真情，讲述着人生哲理。如今，蓬勃兴起的华夏文明传承创新区建设，正预示着甘肃文化美好而又绚丽的前景。

亿万年的沧海桑田，为甘肃留下了丰富的资源和物产。甘肃已发现各类矿产 179 种，可供开发利用的水能资源有 1200 万千瓦，煤炭探明资源储量 200 亿吨，石油累计探明地质储量 11 亿吨，天然气累计探明地质储量 1000 多亿立方米，风能资源总储量 2 亿多千瓦。这一切，构成甘肃发展的基础，展示着甘肃的优势，预示着甘肃的未来。

甘肃是一块充满生机和希望的热土。六十多年经济建设和发展，带动着陇原的腾飞。举世闻名的镍都金昌，雄居戈壁绿洲的酒泉卫星发射基地，伴随着一个个经济奇迹的出现和“神舟”卫星的腾空而起，千里陇原站在了一个新的历史起点上。随着国家新一轮西部大开发战略的深入实施，甘肃政策优势、资源优势、市场优势、后发优势正在日益凸显，主要经济指标增速持续位居全国前十位。新的机遇必然促成甘肃新的发展和新的腾飞。

首届丝绸之路（敦煌）国际文化博览会在敦煌举办，这是目前中国政府举办的惟一以“一带一路”文化交流为主题的高端论坛和文化展示平台，是面向“一带一路”沿线国家的开放性、包容性、国际化、多元化、立体式的文化交流合作平台，不仅是中国的盛会，更是沿线各国、各地区共同的盛会。

兰州市夜景

国家级兰州新区起着连接丝绸之路上各节点经济枢纽和向西开放重要的战略支点与辐射作用，并与甘肃的华夏文明传承创新区、国家生态安全屏障综合试验区建设，成为推动西部经济发展的巨大引擎。向西开放，进出口贸易、工程承包和劳务合作、境内外资源开发，加快“走出去、引进来”步伐，与丝路沿线国家合作更加紧密，积极探索一条开放发展的新路，形成了全方位、多层次、宽领域的开放合作新格局，推进了丝绸之路国际物流大通道的建设。

甘肃从历史走来，从现实中奋斗，甘肃必将走向一个美好的未来。

开放的甘肃欢迎您！这里绚丽多彩、婀娜多姿，恰似翩翩起舞、凌空飞翔的飞天，正张开热情的臂膀，敞开宽阔的怀抱，欢迎海内外各界朋友来到甘肃，走进甘肃，这里是成就梦想、成就事业、展示才华、实现价值、铸造辉煌的天地和热土。

目录

在漫长的历史长河中，45.4 万平方公里的甘肃大地，宛如一块瑰丽的如意，镶嵌在丝路古道上，并以独特的方式记录下丝绸之路的辉煌。在这条横跨欧亚的通道上，串联起天水、兰州、武威、张掖、酒泉、嘉峪关、敦煌等这些在当时集一时之盛的大都市。甘肃，曾以开放的胸襟、繁盛的姿态，在历史画卷中留下了浓重绚丽的一笔。

第一章

省情概况

- 地理位置
- 地形地貌
- 气候状况
- 人口民族
- 行政区划
- 自然资源

甘肃，位于中国西北内陆腹地。因甘州（今张掖）与肃州（今酒泉）而得名。又因省境大部分在陇山（六盘山）以西，而唐代曾在此设置过陇右道，故又简称为“陇”。

地理位置

甘肃省介于北纬32°11′～42°57′、东经92°13′～108°46′之间。处于黄土高原、内蒙古高原和青藏高原的交汇处。东接陕西省，东北与宁夏回族自治区毗邻，南邻四川省，西连青海省、新疆维吾尔自治区，北靠内蒙古自治区，并与蒙古人民共和国接壤。甘肃是西北地区连接中、东部地区的桥梁和纽带，贯通东亚与中亚、西亚及欧洲之间的陆上重要通道。

文县天池边的白马姐妹

地形地貌

甘肃省总土地面积45.4万平方公里，地形呈狭长状，东西长1655公里，南北宽530公里，最窄处形似“蜂腰”地段，仅25公里。甘肃地貌复杂多样，山地、高原、平川、河谷、沙漠、戈壁，类型齐全，交错分布，大致可分为各具特色的六大地形区域：

陇南山地

位于省内南部。重峦叠嶂，山高谷深，植被丰厚，溪流不息。这一区域大致包括渭水以南、临潭、迭部一线以东的山区，为秦岭的西延部分。山地和丘陵西高东低，绿山对峙，溪流急荡，峰锐坡陡，恰似江南风光，又呈五岭逶迤。

陇东、中黄土高原

东起甘陕省界，西至乌鞘岭。曾经孕育了华夏民族的祖先，有苍松翠柏，有潺潺溪流，有丰富的石油、煤炭，也有闻名遐迩的名山大川。黄河从这里穿流而过，刘家峡、盐锅峡、八盘峡三大水库如一颗颗明珠镶嵌在这块充满生机的土地上。

甘南高原

“世界屋脊”——青藏高原东部边缘一隅，地势高耸，平均海拔超过三千多米，是典型的高原区。这里草滩宽广，水草丰美，牛肥马壮，是甘肃省主要畜牧业基地之一。

草原晨曲

河西走廊

祁连山以北，北山以南，东起乌鞘岭，西至甘新交界，是块自东向西、由南而北倾斜的狭长地带。海拔在1000 ~ 1500m之间，长约1000余公里，宽由几公里到几百公里不等。河西走廊地势平坦，机耕条件好，光热充足，水资源丰富，是著名的戈壁绿洲，农业发展前景广阔，是甘肃主要的商品粮基地。

祁连山地

祁连山地在河西走廊以南，长达1000多公里，大部分海拔在3500m以上，终年积雪，冰川逶迤，是河西走廊的天然固体水库，植被垂直分布明显，荒漠、草场、森林、冰雪，组成了一幅色彩斑斓的立体画面。

河西走廊以北地带

这块东西长600多公里、海拔在1000～3600m的地带，人们习惯称之为北山山地。这里地近腾格里沙漠和巴丹吉林沙漠，风急沙大，山岩裸露，荒漠连片，一块块山间平原，是难以耕作之地，人烟稀少，能领略到“大漠孤烟直，长河落日圆”的戈壁风光。

黄土高原

甘肃特色地貌·高原

六盘山以西甘肃中部的高原，海拔约2000米左右。高原中有若干狭窄的河谷平原，如兰州附近的黄河谷地，临洮附近的洮河谷地等，都是高原中最富庶的地方。当我们漫步于黄土高原时，你还会看到在那麦黍油油的农田下方，有着一排排整齐的窑洞，那就是黄土高原上一部分农民的居所。

会宁梯田

甘肃特色地貌·梯田

梯田是在坡地上分段沿等高线建造的阶梯式农田，是治理坡耕地水土流失的有效措施，蓄水、保土、增产作用十分显著。梯田的通风透光条件较好，有利于农作物生长和营养物质的积累。按田面坡度不同而有水平梯田、坡式梯田、复式梯田等。梯田的宽度根据地面坡度大小、土层厚薄、耕作、劳力多少和经济条件而定，和灌排系统、交通道路统一规划。修筑梯田时宜保留表土，梯田修成后，配合深翻、增施有机肥料、种植适当的先锋作物等农业耕作措施，以加速土壤熟化，提高土壤肥力。甘肃的庄浪县被誉为“梯田王国”。

气候状况

甘肃深居西北内陆，属温带大陆性气候，春季升温快，温差大；夏季高温干燥，降水集中；秋季降温快，初霜早；冬季寒冷，持续时间长，四季变化明显，地区差异大。甘肃受季风和地形影响，降水多集中在6月～8月份，且各地降水不同，大致从东南向西北递减，年降水量在36.6～734.9毫米。

什川梨园

张掖冰沟丹霞地貌

人口民族

甘肃总人口数 2600 多万，是个多民族聚居的省份，有 54 个少数民族成份，其中少数民族人口 219.92 万人，占甘肃省总人口的 8.75%。在少数民族中，回、藏、东乡、土、裕固等所占比重较大。其中裕固族、保安族和东乡族是甘肃特有少数民族。民族的多样性孕育了甘肃文化、宗教信仰的多样性，甘肃现有伊斯兰教、佛教、天主教、基督教、道教 5 种宗教，其中伊斯兰教和藏传佛教信仰的人口较多。

藏族欢迎礼

保安腰刀

保安族冶炼打造的保安腰刀与藏刀、蒙古刀齐名。腰刀造型优美，线条明快，装潢考究，工艺精湛。它不仅是生活用具，也是别致的装饰品和馈亲赠友的上乘礼品。因此，深受西北各族人民的欢迎，在阿拉伯国家也颇有名气。

行政区划

甘肃省下辖14个市州（12个地级市、2个民族自治州），辖86个县（市、区），省会兰州是中国陆域版图的几何中心。

兰州夏日滨河

省会兰州

兰州是甘肃省政治、经济、科教、文化、商贸和信息中心。现辖三县五区，市域总面积 1.31 万平方公里，其中市区面积 1631.6 平方公里。全市总人口 327 万。兰州是闻名全国的“瓜果城”。南北群山环抱，黄河穿城而过，带状盆地特征，再加上得天独厚的气候条件，因此，兰州的白兰瓜、软儿梨、冬果梨、白粉桃等瓜果久负盛名，百合、黑瓜子、玫瑰等土特产品蜚声中外，素有“看景下杭州、品瓜上兰州”之说。

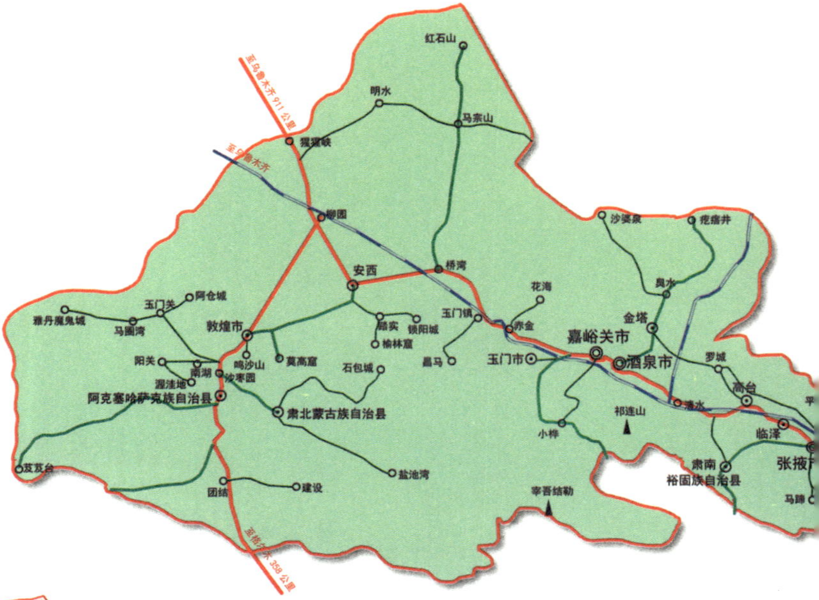
至乌鲁木齐911公里
至乌鲁木齐
红石山
明水
马鬃山
猩猩峡
柳园
安西
桥湾
沙婆泉
花海
玉门镇
赤金
嘉峪关市
金塔
酒泉市
玉门市
昌马
玉门关
雅丹魔鬼城
马圈湾
敦煌市
踏实
锁阳城
榆林窟
阳关
南湖
鸣沙山
莫高窟
渥洼地
沙枣园
石包城
阿克塞哈萨克族自治县
肃北蒙古族自治县
祁连山
罗城
高台
临泽
肃南
裕固族自治县
芨芨台
团结
建设
盐池湾
至格尔木358公里

至乌鲁木齐
红柳河
柳园
兰
新
线
嘉峪关市
玉门市
南玉线32公里
酒泉市
1904公里
镜铁山
张掖市
金昌市
包兰线
甘武线163公里
武威南
石空
宝
500公里
中
线
平川区
永登
红会
兰青线
187公里
红古区
白银市
兰州市
河口南
永靖
陇
海
线
定西市
平凉市
1768公里
宝鸡市
武山
天水市
(秦城区)
北道区

甘肃省铁路示意图

兰州在西北地区处于“座中四联”位置，是黄河上游经济区重要的经济中心和西陇海兰新经济带重要的支撑点和辐射源，是中国东中部地区联系西部地区的桥梁和纽带，是大西北的交通通信枢纽，是西北地区最大的货运站和新亚欧大陆桥上重要的集配箱转运中心，也是西部地区通信枢纽和信息网络中心。兰州是黄河上游最大的工业城市和西部重要的原材料工业基地，已经形成了以石油化工、有色冶金、机械电子、医药、轻纺、建材为主体，门类比较齐全的工业体系，成为全国重要的石油化工和机械设备工业基地。兰州拥有两个国家级的开发区。

在“一带一路”战略中，兰州最大的优势是区位优势，即处在“丝绸之路经济带”的中联点，东中部省区把兰州往往看作跨越西部民族省区的桥头堡，而西部民族省区更愿把兰州看成进内地第一站，所以兰州交融了东西两部的地域风格，而且又是欧亚大陆桥的必经之地。

甘肃省高速公路示意图

兰州水车

兰州被称为“金城”的由来

兰州，始建于公元前86年。关于“金城”的来历，主要有三种：其一，掘地得金之说，传说当初人们“筑城时掘地得金”故有金城之说；其二，地势险要之说，金城自古为战略要地，是通往河西走廊和青海的咽喉，由于这里一面为河，一面为山，地势险要，人们由地势险要固若金汤之意，喻其坚固。两汉、魏晋时在此设置金城县。隋开皇三年（公元583年），隋文帝废郡置州，在此设立兰州总管府，“兰州”之称，始见于史册；其三，兰州在京城长安的西面，从五行方位来说，西方属金，所以命名金城。

兰州雕塑——牛肉面

天水市

天水市是甘肃省第二大城市，位于甘肃东南部。天水古称“成纪”，是中国古代文化重要的发祥地，享有“羲皇故里”的殊荣，是海内外华人寻根问祖的圣地。境内文化古迹甚多。其中大地湾遗址保存有大量新石器时代早期及仰韶文化珍品。国内惟一有伏羲塑像的在天水伏羲庙。中国四大石窟之一、被誉为“东方雕塑馆”的麦积山石窟，荟萃了从公元 4 世纪末到 20 世纪的 7730 余尊塑像，组成了古丝绸之路东段的“石窟艺术走廊”。人文景观与自然秀色交相辉映，巧夺天工，吸引着无数海内外游人。

天水得名

天水得名，源于“天河注水”的美丽传说。远在三千多年前，天水地区人烟稠密，屋宇毗连，“山水灵秀，林木密茂”。可是，到了秦末汉初，长期的征战、断杀加上连年的干旱，使当时繁华、富饶的上城变得残垣断壁，民不聊生。传说，在一天夜里，正当人们进入梦乡的时候，忽然天空狂风呼啸，雷电交加，随着一道金光闪耀，地上现出红光。顿时，大地连续震动，在轰隆隆巨响声中，地面裂开一条大缝，只见天上河水倾泻而下，注入裂开的大缝中，于是形成一湖——天水湖。此湖水位稳定，水质纯净，甘冽醇厚，“春不涸，夏不溢，四季滢然”。当时人说这湖与天河相通，又叫它“天水井”。后来，这个传说被汉武帝听到了，他就命令把要新设的郡建在上邽北城的湖旁，起名“天水郡”。从此，有了“天水”之名。

天水伏羲庙

自然资源

矿产资源

甘肃是中国重要的矿产资源地，矿种众多，分布面广，部分矿种的探明储量大，品位高，开发前景十分广阔。现已探明的矿产有111种，资源储量名列全国首位的有镍、钴、铂、钯、锇、铱、钌、铑、硒、铸型用粘土等12种，居前5位的有29种，居前10位的有60种。甘肃是“有色金属之乡”，拥有一批超大型、大型矿床。

煤炭、石油和天然气资源

甘肃境内已探明储量的能源矿种有煤、油页岩、泥炭和石油4种。煤炭资源比较丰富，新发现和已探明煤炭储量超过100亿吨，保有储量为92.4亿吨。甘肃12个主要含油气盆地的石油资源量约为24.6亿吨，天然气资源量约为208～248亿方。目前探明地质储量约占资源量的20%左右。

风能、太阳能资源

甘肃风能资源理论储量为2.37亿千瓦，可开发利用的风能资源量为4000万千瓦，风力资源居全国第5位，主要集中在河西走廊和省内部分山口地区。河西的瓜州素有“世界风库”之称。甘肃是中国太阳能最为丰富的三个区域之一，各地年日照时数在1710～3300小时之间，年太阳总辐射值约为4800～6400兆焦/平方米，其中河西西部、甘南西南部是中国太阳能资源最丰富的地区，按现有利用水平测算，可开发资源量约为520万吨标准煤/年。

水能资源

虽然甘肃水资源缺乏，但水能资源较丰富。水能理论蕴藏量1489万千瓦，列全国各省区第10位，可开发容量900.9万千瓦。黄河上游干流水力资源具有落差大、淹没损失小的特点，是中国开发较早的水力资源，也是中国自行设计和建造的大型水电工程，也是当时亚洲第一座百万千瓦级大型水电站，为西北地区的经济建设发挥了巨大作用。

甘肃是一个历史悠久、文化底蕴厚重的省份。中华民族的人文始祖伏羲、女娲和黄帝相传诞生在甘肃，故有“羲轩桑梓”之称。周人崛起于庆阳，秦人肇基于天水。汉代的开边政策和张骞通西域成功开通了丝绸之路。隋唐时期，甘肃成为我国联系西域各国和欧洲的重要通道，武威、张掖、敦煌成为经济文化繁荣的国际性贸易城市，整个河陇地区农桑繁盛、士民殷富，《资治通鉴》有“天下称富庶者，无如陇右”的记载。

第二章

绚丽文化

- 历史文化
- 历史名人
- 民族民间文化
- 丰富多彩的节庆习俗
- 各具特色的美食
- 国家级非物质文化遗产
- 文物遗存
- 华夏文明传承创新区

历史文化

甘肃是中华文明的重要发祥地之一，具有深厚底蕴的历史文化，特色鲜明的民族民间文化，形成了一道神秘而独特的西部文化风景。

伏羲文化

伏羲是中华民族共同的人文初祖，伏羲文化是距今七八千年的史前文明和中华民族传统文化的源头。甘肃天水是传说中的伏羲诞生地和伏羲文化的发祥地，是以伏羲为代表的华夏先民长期生活的主要地域。天水境内至今保存着伏羲庙、卦台山以及风沟、风谷、风台等与伏羲“风姓”有关的地名。大地湾附近的女娲祠、砖刻、牌坊、白蛇匾等遗迹，都与伏羲文化密不可分。伏羲文化作为中华文化的本源和民族文化的母体，作为中华民族团结协作、寻求生存与文化发展的历史象征，对中华民族的文明形成和发展进步有过不可估量的作用。

天水伏羲庙塑像

伏 羲

伏羲是传说中中华民族人文始祖，是中国古籍中记载的最早的王，生于陇西成纪（今甘肃天水市）。中国古代以“三皇五帝”为尊，在这个世系中，伏羲位居“三皇之首”、“百王之先”。

天水伏羲公祭

小链接

天水民间祭祀伏羲活动的“领生”

始建于明代正德年间的天水西关伏羲庙，又名“太昊宫”，俗称“人宗庙”。每年农历正月十六日相传是伏羲的诞辰日。此日，天水倾城出动，来伏羲庙朝拜“伏羲爷”。民间的祭祀活动隆重热闹，其中有一项祭祀活动民间称为“领生”。

“领生”就是将准备敬献的生猪要得到“伏羲爷”的接收，在宰杀前将活猪赶到庙宇的大殿前的廊台下，倒放一堆土，大约有20公分的厚度，让牺牲的两头活猪用嘴去“闻喙”，如果活猪转来转去不用嘴去“喙”，或者说活猪站在那里不挪动，人们说是“伏羲爷”不接受，不能“领生”。这样只能调换，再从“候补”的生猪中牵来一头继续“领生”，直至其中两头“闻喙”，成为牺牲的对象。

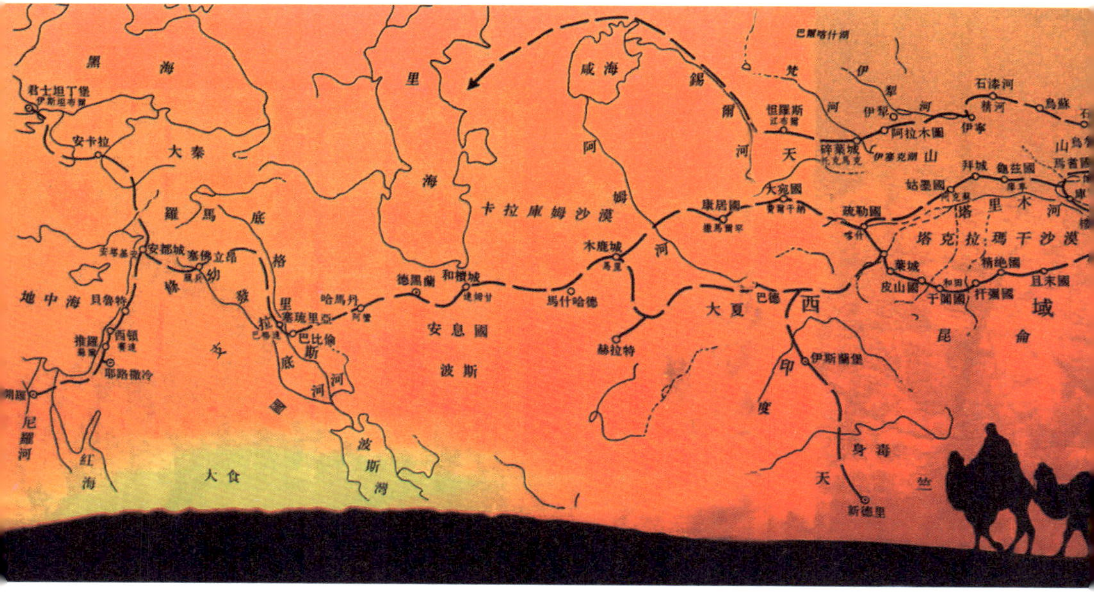

丝路文化

闻名于世的古丝绸之路横穿甘肃全境，东西绵延长达 1600 公里。特别是河西走廊一线，曾是东西方政治、经济、文化交融贯通的黄金地段，也是中国历史上最早对外开放的地区。波斯文化、印度文化、希腊文化、西域文化的交汇地，东西方文明在这里交融汇聚，西传东渐，陇原各地得以长时期地吸收、汲取这条道路上荟萃的各种文明成果来滋养自己，促进自身经济文化的发展和繁荣。丝绸之路及其丰富的文化遗存无疑是甘肃历史文化旅游资源中有优势、最具光彩和魅力的亮点。

小链接

张掖万国博览会

隋炀帝杨广继位后，为了拓通丝绸之路，经营西域商贸“互市”，保证长治久安，决定西巡。隋大业五年（公元 609 年），山丹历史上发生了一件重要的事件，举世闻名，载入史册。此年六月，隋炀帝御驾亲临张掖，登山丹焉支山，参禅天地，谒见西域二十七国使臣，举行“万国博览会”，这是中国封建社会历史上惟一一次中原王朝帝王西巡至山丹境内的重大活动，史称“万国博览会”。

古丝绸之路

黄河文化

黄河是我们民族的母亲河，孕育出世界最古老、最灿烂的文明。6000 多年来，黄河文化以源远流长的历史传统、博大精深的文化内涵、百折不回的坚忍性格、兼收并容的豪迈气度、自强不息的人文精神构成为华夏文明的伟大象征，影响着全中国并辐射全世界。在甘肃境内的黄河流域，诞生了灿烂辉煌的大地湾、马家窑等彩陶文化和黄河农耕文明，黄河文化养育和滋润着陇原大地，形成了甘肃人朴实无华、坚忍不拔的鲜明个性。

《黄河母亲》雕塑

长城文化

秦、汉、明三代万里长城的西端都在甘肃境内——临洮、敦煌、嘉峪关，总里程达4000公里，占全国的四分之一，可谓长城资源大省，长城文化丰厚。

彩陶文化

黄河是中华文明的摇篮之一，甘肃是黄河文明的重要发祥地。甘肃新石器时代文化以丰富的彩陶为特征，迄今为止出现了距今约8000年以来中国发现的最早的彩陶，它经仰韶、马家窑、齐家、四坝、辛店、沙井等文化，一直延续了5000多年，形成了一部完整的彩陶发展史。特别是马家窑文化的彩陶，达到了彩陶艺术的巅峰，代表着中国彩陶艺术灿烂辉煌的成就。

三国文化

诸葛亮六出祁山、失街亭、收姜维等世人有口皆碑、如数家珍的故事，都发生在天水这片神奇的土地上。街亭位于天水市秦州区东北100公里处的秦安县陇城镇，是历史上一处重要的军事关隘。诸葛亮第一次出祁山，魏派大将军张郃率军西援抗蜀，双方争夺的焦点即“街亭”。陇城镇至今还有“乱骨堆”、“大营”、“常营”、“万人坟”等战争遗存，并有弩机、马刺等遗物出土。

汉简文化

20世纪30年代以前，有两件震惊世界的发现发生在甘肃，它们就是被学术界称为20世纪东方文明四大发现中的两大发现：敦煌藏经和居延汉简。甘肃不仅是近几十年来最早发现汉简的地方，而且也是出土汉简最多的地方。到目前为止，甘肃出土的汉简占全国出土汉简的82%以上，达6万多枚，其中有1万枚居延汉简收藏在台北历史语言研究所，3千枚敦煌汉简收藏在大英图书馆，其余4万多枚收藏在甘肃。国内外研究汉简的成果基本上是围绕甘肃汉简的研究，其中《流沙坠简》《居延汉简考证》《汉简缀述》三本书是汉简研究的三个里程碑。

彩陶王

红色文化

甘肃是中国革命重要的根据地之一，红军长征三大主力在甘肃汇合。现有革命文物保护单位 300 多处，其中国家级 3 处、省级 23 处。红军会师纪念地会宁、陕甘边区苏维埃政府旧址、腊子口战役纪念地、红军西路军烈士陵园、哈达铺会议纪念地、“岷州会议”纪念馆、榜罗镇革命遗址、八路军办事处旧址等 8 个景区被纳入了全国重点打造的 100 个左右“红色旅游经典景区”建设目录。

会师圣地（白银会宁）

历史名人

古语云：关东出相，关西出将。中国历史上甘肃名人以将居多，主要集中在两汉和三国。

李广像

飞将军——李 广

李广（？—前 119 年），陇西成纪（今甘肃静宁）人，西汉名将，善骑射。汉文帝十四年（前 166 年），匈奴大举入侵，李广随军抗击匈奴，英勇杀敌，封为中郎，不久升为武骑侍卫皇帝。汉景帝时，先后任北部边域七郡太守。武帝即位，任为未央卫尉。元光六年（前 129 年），任骁骑将军。匈奴入侵上谷，李广部队损失惨重，因众寡悬殊负伤被俘。逃脱后落职为庶人。公元前 128 年被汉武帝召回，任右北平郡太守，匈奴数年不敢攻扰来犯，称之为“飞将军”。公元前 119 年（元狩四年），随大将军卫青、骠骑将军霍去病深入漠北打击匈奴，李广任前将军，因迷失道路，未能参战，愤愧自杀。李广一生作战 70 余次，以勇敢善战著称。唐朝诗人王昌龄诗云：“秦时明月汉时关，万里长征人未还。但使龙城飞将在，不教胡马度阴山。”

王符像

赵充国像

西汉名将——赵充国

赵充国（前137年—前52年），字翁孙，陇西上邽（今甘肃天水）人，西汉大将。他从小善骑射，沉勇有大略，读书好学，精通笔法，熟悉少数民族事务。他起初是骑兵，因为是金城郡良家子，善于骑射，补为羽林军士，侍卫皇帝。他历经汉武帝、汉昭帝、汉宣帝三朝。在汉武帝、宣帝时，他在征讨匈奴、羌、氐的战争中身经百战，屡建奇功。公元前61年，行零羌叛，赵充国以76岁高龄自荐率军前往，收服诸羌。赵充国不仅是一位著名的战将，而且更是一位军事谋略家，因此宣帝感其丰功，在他死后封为"壮侯"，并将他的画像挂于未央宫麒麟阁，在同被画像的11位中兴名臣中，名列第四。成帝时（前32年—前6年），西羌又有报警，成帝特命著名文学家扬雄为他的画像题写颂词道："在汉中兴，充国作武，赳赳桓桓，亦绍厥后"，追念赵充国的丰功伟绩。

《潜夫论》——王　符

王符（约公元85年—162年），字节信，安定临泾（今镇原县）人，是中国东汉后期著名思想家、政论家和哲学家。他从小好学，有志操。与马融、窦章、张衡、崔瑗等学者友好。他终身不仕，隐居著书，所著《潜夫论》10卷36篇，约10万余言。内容丰富，论述精辟，为历代所推崇，是甘肃历史名著中惟一被收入《诸子集成》的作品。政

张芝像

治上提出“国以民为基，贵以贱为本”的民本思想，经济上要求重本抑末，发展农桑，爱惜民力。哲学问题上，主张二元论，认为“道者，气之根也，气者，道之使也，必有其根，其气乃生，必有其使，变化乃成”。在历史观上，承认社会的进步，具有朴素的辩证法思想。王符的《潜夫论》在历史上特别是宋、明、清时代曾多次制版印刷，流传甚广，影响深远。

“草圣”——张　芝

张芝（公元？—约192年）字伯英，号张有道，敦煌酒泉（今甘肃酒泉）人，东汉书法家。出身官宦家庭，其父张奂曾任太常卿。张芝擅长草书中的章草，将古代当时字字区别、笔画分离的草法，改为上下牵连富于变化的新写法，富有独创性，在当时影响很大，有“草圣”之称。唐张怀瓘《书断》称他“学崔（瑗）、杜（操）之法，因而变之，以成今草，转精其妙。字之体势，一笔而成，偶有不连，而血脉不断，及其连者，气脉通于隔行”，三国魏韦诞称他为“草圣”。晋王羲之对汉、魏书迹，惟推钟（繇）、张（芝）两家，认为其余不足观。对后世王羲之、王献之草书影响颇深。书迹今无墨迹传世，仅北宋《淳化阁帖》中收有他的《八月帖》等刻帖。

三国最聪明的人之一——贾　诩

贾诩（公元 147 年－223 年），字文和，姑臧（今甘肃武威）人。三国时期魏国著名军事家、谋士。三国时期被称为“毒士，鬼才”，善用计谋，被称为三国最聪明的人之一。他先在李傕帐中任谋士，后又成为张绣的谋士。张绣曾在宛城用他的计策两次打败了曹操。官渡之战前，他劝张绣和自己都归降曹操。曹操在官渡战袁绍、潼关破西凉马超、韩遂，都用了他的奇计。曹丕称帝后，官封太尉、魏寿亭侯。

贾诩像

姜维像

诸葛亮爱将——姜　维

姜维（公元 202 年－264 年），字伯约，天水冀县（今甘肃甘谷）人，三国时蜀国将领。其父姜冏为曹魏军功曹，他以父功赐郎中，参天水郡军事。诸葛亮第一次北伐时，归附蜀汉，任仓曹掾，加奉义将军，封当阳亭侯。诸葛亮对他很信任，后任中监军征西将军。诸葛亮死后，他为右监军辅汉将军，统诸军，进封平襄侯。延熙元年（公元 238 年），随大将军蒋琬驻汉中，任司马和征西大将军、领凉州刺史。公元 247 年，升卫将军，与大将军费祎共录尚书事。多次出兵作战，转战陇蜀间。公元 263 年，魏遣钟会、邓艾伐蜀，后主刘禅出降，并勒令姜维降于钟会。钟会谋叛魏，姜维伪与联结，想借机恢复蜀汉，事败被杀。

皇甫谧像

针灸医学家——皇甫谧

皇甫谧（公元 215 年－282 年），名静，字士安，自号玄晏先生，安定朝那（今甘肃平凉）人，是中国古代著名的针灸医学家。据史书记载，其曾祖是汉太尉皇甫嵩，但至皇甫谧时，家境已清贫，而他幼时也不好读书，直到二十岁以后，才发愤读书，竟至废寝忘食，终于成为当时著名文、史、医学家。著有《帝王世纪》《烈女传》《高士传》《年历》《逸士传》《玄晏春秋》等。并为左思《三都赋》作序，为一代名士。他中年不幸得了半身不遂的风痹症，左脚萎缩，并从此开始发愤钻研医学。他吸收前人的成果，著成《针灸甲乙经》，全书 12 卷，128 篇，阐述了经络理论，明确穴位名称和位置，详述取穴法及各穴主治症候，奠定了中医学针灸理论的基础，成为中国针灸医学不朽的经典著作，至今仍具有很高的学术价值。在医学方面还著有《寒石散论》《巢氏病源》等。

两任唐朝宰相——牛僧儒

牛僧儒（公元780年－848年），字思黯，安定鹑觚（今甘肃灵台）人。两次出任唐朝宰相，是中唐时期有名的政治家。德宗贞元二十一年（公元805年）考取进士，宪宗元和三年（公元808年），参加朝廷的“直言极柬”科的考试，因直言批评时政，为宰相李吉甫贬谪。穆宗继位后任御史中丞、户部侍郎等职。长庆三年（公元823年），升任宰相。宝历元年（公元825年），出为武昌节度使。文宗大和四年（公元830年），又任宰相。后出任河南节度使、东都留守等职。武宗时，李德裕当政，被贬为循州长史。宣宗大中元年（公元847年），他被重新任为太子少师。牛僧儒一生陷入“牛李党争”，他与李德裕之间的矛盾，属于统治集团内部的派系斗争。但他一生坚持严正执法，铲除贪官，其德其行，不能不令人敬佩。

牛僧儒像

李益像

中唐边塞诗的代表诗人——李 益

李益（公元746年—829年），字君虞，姑臧（今甘肃武威）人，唐代著名诗人。大历四年（公元769年）考中进士，初任郑（今陕西华县）县尉，久不得升迁，其后弃职。建中四年（公元783年）登书判拔萃科。因仕途失意，后弃官在燕赵一带漫游。贞元十三年（公元797年）在幽州节度使刘济任下事职，又曾在西北边地参佐戎幕，度过10余年的边塞生活，写了不少边塞诗，唐宪宗听了很赞赏，诗名大震，官至礼部尚书。他是中唐边塞诗的代表诗人，他在诗歌中抒写了边塞生活的苍凉艰辛，歌颂战士们慷慨激昂、纵横驰骋、勇于牺牲的精神，反映了人民安定生活的愿望。如著名的《塞下曲》，“伏波惟愿裹尸还，定远何须生入关。莫遣只轮归海窟，仍留一箭射天山。”主要抒写边地士卒久戍思归的愿望心情。他擅长绝句，尤工七绝，名篇如《夜上西城》《从军北征》《受降》《春夜闻笛》等。

清中期著名大学者——张 澍

张澍（公元1776年—1847年），字百瀹，又字寿谷、时霖等，号介侯、鸠民、介白，凉州府武威县（今武威市）人，清代著名学者。他24岁中进士，曾任贵州省玉屏县知县、代理广顺州（今贵州长顺县）知州，四川省屏山县知县，代理兴文、大足、铜梁、南溪知县，江西省永新县知县，代理临江府（今江西省清江县西临江镇）通判，沪溪县（今江西省资溪县）知县。张澍一生好游历，游遍大半个中国，博览经史，是清代中期闻名全国的大学者，重要著作有《五凉旧闻》《三古人苑》《秦音》《蜀典》《姓氏五书》《诗小序翼》《说文引经考证》等，其大部分著作后来结集为《养素堂集》，其中，《姓氏五书》被《清史稿》称为“绝学”。他还写了许多诗，有《养素堂诗集》，收集了他的诗歌3051首。

张澍像

民族民间文化

甘肃是一个多民族聚居的省份，由于多民族的交流、融合，创造了绚丽多彩的民族民间民俗文化。

甘肃特有少数民族·裕固族

裕固族集中聚居在肃南裕固族自治县境内。因其族源和习俗差异而有东西部之别，但大都信仰藏传佛教格鲁派（黄教）的教义。裕固族人民热情好客，民风淳朴，在服饰、饮食、婚嫁、丧葬等方面都保留着独具民族特点的生活习俗和文化传统，尤以能歌善舞称著于世。

甘肃特有少数民族·保安族

保安族是中国少数民族中人口较少的一个民族。目前主要聚居在临夏积石山保安族东乡族撒拉族自治县。保安族是全民信仰伊斯兰教的民族，其生活习俗、礼仪礼节、起居卫生、饮食禁忌、丧葬节庆与回族、东乡族基本一致。值得一提的是热闹非凡的婚礼。保安族的婚礼，自始至终突出一个“闹”字，娶亲闹，送亲闹，迎亲闹，白天闹，晚上闹，“婚礼三天无大小”，闹得人心花怒放，闹得人流连忘返。

裕固族服饰

甘肃特有少数民族·东乡族

东乡族是以世居临夏地区东乡县而得名的甘肃特有的三个少数民族之一。东乡族的族源主体是元代来自中亚地区的撒尔塔人，在历史上是一个族教密不可分的民族。东乡族人民世世代代都是虔诚的穆斯林。其基本信仰、宗教功课、宗教礼仪等方面与回族几乎完全一致。东乡族群众特别热情好客，待客的食品多为油果、手抓羊肉与炖鸡。鸡按部位分为 13 块，鸡尾最贵重，只有长辈或最尊贵的客人才能吃鸡尾。

丰富多彩的节庆习俗

由于甘肃民族众多，从古至今在不同时节不同地域就有着许多节庆习俗。除了春节、中秋节、重阳节和端午节等节日外，还有回族的古尔邦节和开斋节，藏族的正月法会、正月十五晒佛节。天水伏羲文化节、甘南的香巴拉艺术节、庆阳香包艺术节等现代节庆活动也正在蓬勃发展，散发出民族艺术的独特魅力。

庆阳香包

福

临夏穆斯林民俗

临夏被誉为“中国小麦加”，有回、东乡、保安、撒拉等伊斯兰民族。当地穆斯林基本上属逊尼派，有着“信真主、信天仙、信经典、信圣人、信末日、信前定”六大信仰,“念、礼、斋、课、朝”五大功课。清真寺是宗教和教育活动中心，通常由礼拜大殿、经堂和水堂三部分组成。穆斯林民族有独特的生活习惯。男子戴白帽，留长须；妇女戴盖头为最典型的服饰特征。临夏穆斯林严格遵守伊斯兰教义、教规，在生活、饮食方面特别讲究，喜食手抓羊肉、烩羊杂碎、炸油香、油茶、盖碗茶。开斋节、古尔邦节、阿述拉日为传统的节日。

藏传佛教文化与藏族民间风情

甘南藏族自治州自古以来即为藏族聚居区，现为藏传佛教文化胜地，藏族民俗风情浓郁，政治氛围宽松，交通相对便捷。藏传佛教主要有宁玛派（红派）、萨迦派（花教）、噶举派（白教）、格鲁派（黄教）、噶当派等各教派，各有其教义思想、习学方法和修持重点。现由格鲁派执掌藏区政教大权，尊宗喀巴为开山祖师。藏族是生活在青藏高原及其边缘地区的古老民族，以游牧业为主，逐水草而栖。最初信仰原始宗教和本教，现以藏传佛教为主。藏族穿藏袍，住帐篷，食物以牛羊肉、糌粑、青稞面为主。藏族人民热情好客，豪迈粗放，有独特的歌舞艺术。

晒佛节

临夏花儿演唱

花儿会

“花儿”是流传在甘肃、青海、宁夏三省(区)广大地区的民歌。“花儿”又称“少年”。男青年唱的叫“少年”，女青年唱的称“花儿”。据说“花儿”至少已有四百多年的历史了。它内容丰富多彩，形式自由活泼，语言生动形象，曲调高昂优美，具有浓郁的生活气息和乡土特色，深受回、汉、藏、东乡、土、撒拉等民族的喜爱。位于临夏回族自治州康乐县境内的莲花山，素有“花儿故乡”之称。这里一年一度的“花儿”盛会，每年从农历六月初一在莲花山下的足古川聚会开始，经过游山对歌进入高潮，再转入王家沟门夜歌，到六月初六紫松山敬酒歌别，整整六天五夜。

姑娘追

“姑娘追”在哈萨克语中叫“克孜库瓦尔”，是一种青年男女十分喜爱的娱乐活动。举行这项活动时，先由青年男女中的一方发出赛马邀请，而后两人双双骑马向指定地点缓步并行。途中小伙子可以向姑娘调笑逗趣，姑娘却不能生气。但一到达指定地点，小伙子就迅速举鞭策马向回跑。此时，为了“报复”小伙子的戏谑，姑娘亦扬鞭回马，紧紧追赶小伙子，被追上的小伙要接受姑娘轻轻的鞭打。

瞻佛节

每逢农历正月十三这一天，拉卜楞寺都要举行规模盛大的展佛法事活动，亦称晒佛节、瞻佛节或亮佛节。瞻佛节是当地最为隆重的宗教节日，来自甘青川的藏汉同胞及世界各地的数万信众无不期盼着在这一天瞻仰佛像尊容，祈求平安吉祥。在每年农历正月十三午前举行，是拉卜楞寺为期 15 天的正月法会系列活动之一。瞻佛节不仅是庄严盛大的藏传佛教节庆活动，也是藏族风情的集中展示，僧俗信徒万众云集，众多国内外游客慕名前来。拉卜楞寺正月法会到农历正月十七止，包括放生（正月初八）、晒佛、跳法舞（正月十四）、酥油花灯会（正月十五）以及转香巴（正月十六）等活动。

拉卜楞寺

甘南插箭节

插箭节的来历源远流长。传说很久以前，藏族部落之间互相征战，箭既是原始的武器，又被当作英雄的精神象征。后来为纪念一位战死疆场的大英雄，老百姓就地立山为神，并把他佩带的箭插在山顶，既表示祭奠，又祈求和平。插箭节演化至今，已成为甘南各地藏族祭祀各自地方神的群众性活动，多在春暖花开的五、六、七月进行。各地所供养的“拉日”（神山）或称“伊合德合”（地方神）不尽相同。插起来的箭丛藏语称“拉卜则”，“箭”是用数米长的木杆作箭杆、用彩绘的木片为箭翼，无镞。也做刀状、矛状。一并插成一丛，周围用栅栏围住，外垒石块，上缚条、方形经幡，缀以羊毛、哈达等洁白之物。箭丛多在高山之巅，远远望去，给人以几分庄严肃穆、几分神秘之感。

每逢插箭日，人们带上准备好的祭祀供品，骑马背枪，在神山附近平缓处安营扎寨。时辰一到，一并前往插箭，首先“煨桑”（祭烧供品，有酥油、糌粑、牛奶、清水等清洁之物），由僧人诵经、地方长官致祭、献哈达，然后带领众人高声齐喊“拉嘉啰”！（神必胜），同时向空中抛撒“龙达”（风马，幸运之马，印有骏马图案的纸片）祈求山神保护该地人畜平安、好运连年。礼毕，人们还要在扎营的地方玩上几天，进行赛马、摔跤活动，饮酒歌舞。不过插箭只有男人可以参加，女子是不可以的。

日月食的夜晚"抢亲"去

生活在甘肃天祝、永登及青海互助县的土族中，旧时流行着一种"抢婚"的习俗。在发生日食或月食的夜晚，已定了亲，但缴纳不起彩礼的"准新郎"，骑上一匹快马，随身携带用红布包裹起来的一把木梳，骑马来到未婚妻家门前，把包裹木梳的红布包儿扔上房顶，然后大声喊："快把许给我的姑娘送出来！"……等到女方的家里人应声之后，"准新郎"策马回头，往回奔跑。女方家的人则奔出房门，一边骑马追赶，一边大声叫骂。没有养马的人家，也要徒步追赶一程。其实，姑娘家里人的这种追逐和叫骂，只是一种"掩人耳目"的形式，他们并没有将未婚女婿追上惩罚一番的意思。第二天，未婚女婿请上"瓦日哇"（媒人）和村庄上的头面人物，前往老丈人家要人。女方的父母必须将女儿送到女婿家里，并免除送彩礼和办喜筵等一些繁杂的礼仪程序。

甘肃肃北蒙古族自治县那达慕大会——蒙古族传统节日。每年七、八月份举行，是为了庆祝丰收而举行的文体娱乐大会。

小链接

酒泉肃北蒙古族的服饰

酒泉肃北蒙古族历来生活在高寒地带，其传统服饰以御寒和方便为主，男女老幼均喜戴帽子、爱着长袍、束腰带、穿高筒靴。男女一般戴帽子，分冬帽和夏帽。一般男式冬帽为平顶双层圆形，内层为棉布，外层为白羔皮；男式夏帽为平顶圆形尖帽，内衬棉布，外附平绒等布料。女式专用帽是圆锥形高尖帽，尖端有红穗子，帽檐是白色胎羔皮，为环周檐。男女通用帽是貂皮耳子的藏毡帽或大礼帽。现在，妇女多用彩巾裹头。

小链接

火焰驹的传说

张掖山丹大马营草原因其特殊的地理位置，气候凉爽，水草丰茂，是孳养良骥骏马的最佳场所，故历代游牧民族和封建王朝视为宝地。秦汉之间，月氏、匈奴游牧于此，依靠孳养的骠悍雄健的良马长期占据该地。之后，历代王朝从这里源源不断得到军需战马补充，优化战事。相传，这里出过“天马”、“神马”、“千里驹”。

据说，很久以前，这里出了匹“火焰驹”。它刚生下来时，皮包骨头，干瘦如柴，满身皮痂不长毛，每逢雾天雷电，就长声嘶叫，嘴里喷出一股火光。一位家籍山东的老牧民识得这是一匹宝驹，他不要工钱，只要了这匹瘦驹，向主人辞工回了家。他把驹子拉到僻静处，拿出事先准备好的中草药熬上，涂在驹子身上，一会就脱了皮痂，火焰驹显身了，口喷火光，精神抖擞，他一溜烟就骑走了。这位老牧民走后，人们才知道他骑走的是千年难遇的火焰驹。

山丹军马场

各具特色的美食

甘肃是一个多民族省份，各民族饮食文化在这里交汇。兰州牛肉面是最具特色的大众化经济小吃，风味独特、声名远扬；以手抓羊肉为代表的清真风味食品独特可口；糌粑、酸奶、奶茶、蕨麻米饭、手抓肉是藏族风味的食物，非常值得品尝。各种地方小吃品种多样，如兰州酿皮、灰豆、靖远羊羔肉、陇西腊肉、静宁烧鸡、天水呱呱、敦煌驴肉黄面等。

兰州牛肉面

俗称“牛肉面”，是兰州最为著名的风味小吃和最具特色的大众化经济小吃，被当地人誉为兰州的“麦当劳”。

兰州牛肉面创始于光绪年间，系回族老人马保子首创。牛肉面以肉烂汤鲜、面质精细而蜚声中外。兰州牛肉面有一清（汤清）、二白（萝卜白）、三红（辣子油红）、四绿（香菜绿）、五黄（面条黄亮）五大特点。面条根据粗细可分为大宽、宽、细、二细、三细、毛细、韭叶子等种类。

东乡手抓

东乡手抓是临夏颇具代表性的一道名吃，已有上百年的制作历史。过去由于多在沿街摊点售，吃者向以手抓之，这便是“手抓”一词的来历。现已不用手抓着吃了，但仍用“手抓”这个词。东乡手抓为鲜宰羊肉整只煮就，肉煮好后，由东家搬到所有参加会餐者的面前，按人头将整羊等分，在切割时必须每个部位都要切到，打成份子，每人一份，然后各吃各的份子，吃不完可以拿走。

兰州酿皮

酿皮是兰州市著名的地方风味小吃。在兰州的大街小巷内随处可见。这种凉吃的食品，在夏季炎热的天气里，很受人们的欢迎。酿皮是用面粉制作而成，颜色黄亮透明，加上油泼辣椒、精盐、酱油、蒜泥、芥末、香醋、芝麻酱等调料，具有色艳味美、油浓汁足、凉爽利口、喷香解暑之特点。

浆水面

浆水，既可做清凉饮料，又能在吃面条时做汤。再加上葱花、香菜调味，更是脍炙人口。“浆水面”一名相传是由汉高祖刘邦与丞相萧何在汉中所起。兰州、定西、天水、临夏等地的群众，都喜欢吃浆水面。浆水有清热解暑之功效，对高血压等疾病也有疗效。

糊锅

酒泉最具代表性的小吃应该就算“糊锅”了，尤其是老酒泉人最爱吃，卖糊锅的店主在店门口架上一口大锅，汤料用鸡汤，投入蚕豆粉汁，成糊状，再加蚕豆粉制成的粉块、粉条、以及鸡丝、肉片，再把炸好的大麻花掰成麻花瓣，放入配好的汤中即成，其味鲜香，突出姜与胡椒的辣味。

靖远羊羔肉

靖远羊羔肉作为一道名菜流行于甘肃、青海等地，制作过程辅以 10 多种中药材为佐料，加入特质的黄色粗粉条，失水率低，系水力强，熟肉率高，汁液丰富，通过爆炒、红烧、黄焖、干炸、烧烤、清炖、清蒸等工艺进行加工，味道美妙，营养丰富。“靖远羊羔肉”享誉陇上，闻名全国，久负盛名，2002 年获国家 A 级绿色认证，是中国首例以哺乳类动物为地理标准保护注册的商标。

陇南洋芋搅团

陇南洋芋搅团为全省乃至全国独有。将洋芋煮熟、剥皮，放入专用木槽内，用专用木槌砸捣至粘团状，色泽光亮微黄。分热食、冷食两种食用法。热食，放入酸菜浆水中略煮，连同酸菜浆水盛碗后调以盐、油泼辣子即食；冷食，盛碗后调入调和呛煮的醋、油泼蒜、辣子即食。风味独特，口感滑润、清香。

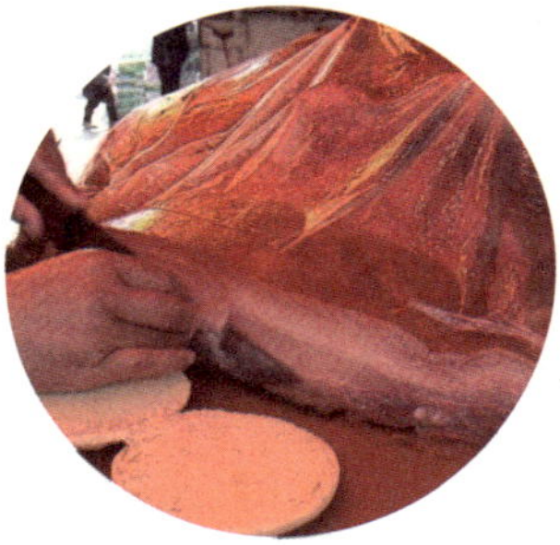

陇西腊肉

在古郡陇西，小吃名吃很多。其中有一种传统的风味食品——陇西腊肉更是独占鳌头，是甘肃的名优小吃之一，因此陇西也被国家有关部门命名为“中国腊肉之乡”。陇西腊肉历史悠久。据记载，陇西腊肉腌制约始于清朝乾隆年间。制作陇西腊肉宰杀的生猪主要来自漳县、岷县一带，尤其以岷县蕨麻猪为最佳。因岷县野生药材甚多，农户饲养的生猪春季放牧，秋季圈养，腊肉腌制户冬季收购宰杀时，猪肉的肥瘦肉相间（俗称五花肉），且带有药性，滋味纯美。瘦肉灿艳似红霞，瘦而不柴；肥肉晶莹若玛瑙，肥而不腻，微带透明，加上盐、花椒、小茴香、姜皮、桂皮、大香等10多种佐料腌泡和太阳暴晒而成的肉，色美味鲜、风味独特。

水川长面

前明万历时，北虏侵逼，河北居民迁于南岸居住。后虏退去，又移徙北居。这时的水川境内，上下稳定，百姓生产生活到了一定的长足发展阶段。把自己种植或从北山一带五沟十三庄当“麦客”挣来的“和尚头”小麦，用石磨磨成精细白面，除了偶尔蒸馍做面条外，主要保存下来以备过年擀长面之用。到了清代的嘉道年间为条城地区鼎盛时期，水川居民的生活也提升到一个空前的水平，饮食习俗中长面已成了一个起着确认文化身份作用的吃香“名片”。每逢年过节，家家都要吃长面。直到如今，一提起“吃长面”，人们的意识流中涌现的特别情愫尤其亲切、欢喜、祥和。水川长面，是民俗中一直以来所认同的“常来常往”之意。

炒麻食

用麦粉和成软面团，每次掐一小点，用大拇指搓片后卷成一个个小海螺状，在开水中煮熟，捞入碗中，浇上臊子，调入佐料即可食用。特点是入味、滑爽、易消化。还可做成炒麻食、烩麻食等。天水馓饭和搅团用玉米等杂粮做成，吃时配以风味小菜，清香可口。

天水呱呱

呱呱，是天水一带的一种特殊食品。无论是寒风骤起的严冬，还是烈日当头的盛夏，总有那紫红色的呱呱在摊点出售，食客往来不断，生意格外红火。天水呱呱和面皮在天水人心中是无可替代的美味小吃。天水呱呱品种繁多，以原料区分最为普遍的有荞麦呱呱和粉面呱呱等。其中最受人们欢迎的是荞麦呱呱。以“天水常记”、“清真穆记”备受人们的欢迎与热捧。

酒泉油锞子

分大锞子和小油锞子两大类，味道也分咸、甜两种。其花样单凭巧妇手艺，把兑好的面团采用翻、转、挤、压、搓、拧，撩、挑等技艺，做成各种花样图形，统用葫麻油炸制而成。在油倮子的繁多品种中，更值一提的是，有些巧妇用姜黄、红曲、菠菜汁等色料，和成五色面团，然后显出手段，制成指头尖大小的蝴蝶昆虫、鱼虾蜻蟹、虫螭蝌蚪、龙虎马羊、鸟鼠鸡鹅、花卉草果等形状，经清油炸出后色彩艳丽，形态逼真。端上桌面，五彩缤纷，琳琅满目，使人眼花缭乱，吃起来香脆酥甜，极为适口。

张掖搓鱼面

搓鱼面是甘肃张掖特有的面食品种，因其成品的形状中间粗、两头尖，酷似小鱼而得名。其作法是用手掌将面条搓成约一寸长的面段，然后入锅内或煮或炒熟都可，在热天里还可以凉拌食用，是当地人喜爱的美食。

武威三套车

“三套车”由凉州饧面、腊肉、冰糖红枣茯茶组成，在西北闻名遐迩。无论外地游人还是本地居民均爱食用。“三套车”经营主要集中在武威市北关市场。饧面制作时，先将优质面粉加少许盐，拌水和成饧面硬团，发饧后再切成条状备用。有顾客时，按照顾客的要求再捋成宽窄不等的长条状，入锅煮熟，盛入碗中再加预先配备好的由腊肉、木耳、蘑菇、黄花、蒜苔、芫荽、洋芋粉等制作的卤汤即成。腊肉由新鲜猪肉或猪肚加入传统腊汁及炖肉调料，经特殊烹调工艺制成，肉质香而不冲、肥而不腻、熟而不烂、肉色金黄。红枣茯茶是由冰糖、桂圆、核桃仁、红枣、枸杞、茯茶茶叶加水熬制而成，味道香甜可口，色泽浓艳。凉州“三套车”被称为凉州快餐。

平凉核桃扁食

扁食，类似饺子。核桃，将核桃破皮取仁，用文火煨炒至淡黄飘香，吹去核桃上的细皮，再趁热擀压成泥状，加盐，然后与煮熟过凉水后的红、白萝卜，嫩白菜心或豆腐充分搅拌混合，同时佐以葱姜末、熟清油、五香调料，拌为饼馅，包皮下锅。营养丰富，虽为菜做，却又有肉的质味，因此当扁食刚熟，便奇香无比，不腻不淡，清香爽人，回味悠长。

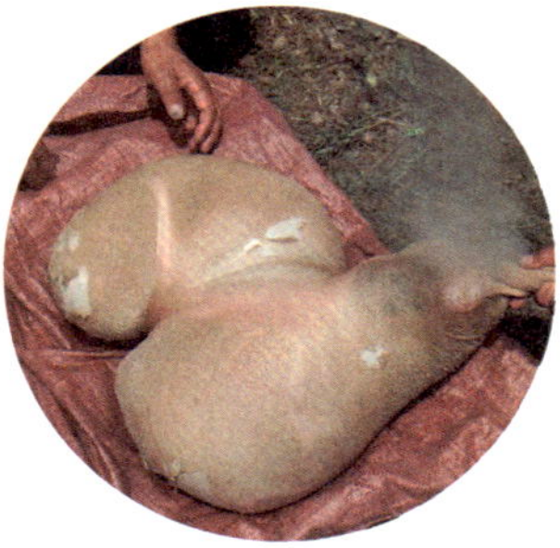

甘南多食合

牧区独有的野外食肉方法。牧人们先将羊肉与骨头分解，再将肉割成块，堆在一起。加上食盐、花椒粉等调料拌匀，然后撑开事先洗好的羊肚，塞一把肉，装一块烧红的青石头，直至肉和块装完后，用绳子把肚口扎牢，不让里面的热气遗漏。这时，羊肚里嘭嘭鼓涌，似欲崩破，再轻轻翻滚待热气降温，停下崩跳时，用刀划开一点口子，取出积在里面的肉汁，然后将肚皮整个划开，吃一块肉，喝一口汤，其滋味别具一格，任凭炒吃烤吃，任凭加什么调料，都无法与之相比，真是妙不可言。

庆阳荞面饸饹

荞面饸饹已有600~700年的历史，“荞面饸饹黑是黑，筋韧爽口能待客”，这是人们对荞面饸饹的赞美。制作时选用新鲜荞麦现磨现做，条细筋韧、挑起来不断条、清香利口。冬可热吃，夏可凉吃，有健胃消暑的功效。

棒棒面

源于扯面，用挂面制作手法，兼容扯面工艺，配小葱，蒜苗，辣子、豆腐丁等佐料，吃来口感独特，令人百吃不厌。一番忙碌之后，饥渴难耐，棒棒面好吃，且声名远播，主要在于工艺独到，配料独特而独领。制面条具有特殊的过程，先选好上等精粉，配以石碱、食盐溶于温水中，搅均后和面，用力抒搓待面软硬适中时，将面打成小块，再搓成一尺左右的拇指粗的条子，用油布盖上软化十五分钟后再用。

国家级非物质文化遗产

甘肃历来被称为歌舞的海洋，其中社火歌舞是广泛流传于民间的一种艺术，还有极为丰富的表现人们生产劳动、生活情趣的民歌以及丰富的、具有地方特色的民间手工艺品。

春节社火　彩龙飞舞

春节社火　来登高高跷

武威攻鼓子

截至目前，甘肃省已有54项民俗文化被批准列入了国家级非物质文化遗产名录，其中最具地方和民族特色的有：兰州市的太平鼓、兰州鼓子、苦水高高跷、黄河大水车制作技艺；临夏回族自治州和政县的松鸣岩花儿会、临夏砖雕、保安腰刀锻制、东乡擀毡技艺；庆阳市的香包刺绣、环县道情皮影戏；甘南藏族自治州的拉卜楞寺佛殿音乐“道德尔”、藏族民歌、史诗《格萨尔王传》演唱、舟曲多地舞、卓尼巴郎鼓舞；定西市岷县二郎山的花儿会、洮砚制作技艺；天水市的伏羲祭典、清水道教音乐、武山旋鼓舞、秦安小曲；河西走廊各市、县的河西宝卷、夜光杯雕、凉州贤孝、裕固族民歌、裕固族服饰、敦煌曲子戏、永昌万字灯会；陇南市西和县与礼县的七夕节、武都高山戏、文县傩舞“池哥昼”；平凉市泾川县的西王母信仰习俗、庄浪县抬阁等。

道情皮影戏非物质文化传承人向学生授课

手工精心雕刻的环县皮影

太平车舞

太平车舞是集民间音乐、舞蹈、戏曲为一体的一种独特的民间音乐舞蹈艺术形式。由山丹东乐乡城西村的村民们在封闭保守的条件下世代传承下来，其历史渊源至少可以追溯到明太祖洪武年间（1368 年 –1398 年）。主要道具叫“太平车子”，这一舞蹈形式因此得名。太平车舞表演的内容为西厢记中《长亭送别》一段。唱词、道具文雅清秀，当源于文人之手。音乐曲调为当地民歌、民间小调组成。曲调优美动听，节奏明快，与舞蹈、唱词和谐统一，且能满足剧情喜怒哀乐的各种感情表现需要。

临夏砖雕

临夏砖雕的雕刻材料以传统制作的土窑绵砖为主。其原料为白粘土，将其晒干、碾碎、过筛、和泥、打坯后入窑焙烧，砖经过打磨后，以切、勾、削、凿、剔等多种手法精雕细刻。临夏砖雕分为刻雕、捏雕、仿雕三种，刻工精细，技法多样，层次分明，图案取材丰富多样，多以民间喜闻乐见、吉祥如意的物象为题材。临夏砖雕融书法、绘画、篆刻于一体，构图新颖生动，是临夏民间艺术中的一朵奇葩，被称为“临夏一绝”。

临夏砖雕

兰州太平鼓

兰州太平鼓

兰州太平鼓是经国务院批准列入的第一批国家级非物质文化遗产。太平鼓是兰州地区城乡人民喜爱的汉族民间表演形式之一，含有庆贺新年太平之意。每逢大的庆典活动，太平鼓表演都是整个活动的高潮部分，铿锵有力的鼓点，具有浓厚的西北特色。太平鼓已有六百余年的历史，素有“天下第一鼓”之城。

兰州鼓子

兰州鼓子是一种以唱为主的曲艺形式，旋律清雅冲淡，起伏有致，平和悦耳，可赏可玩。在演唱的时候，艺人大多是坐着清唱，没有表演性的动作。兰州鼓子曲牌较多，目前搜集到的已达一百多个，大致可分为鼓子、越调、平调等几种声腔。鼓子腔和越调腔都是套曲，平调腔则多为单支的小令和大曲。

文物遗存

甘肃历史悠久，是中华文明的重要发祥地之一，是古丝绸之路的重要通道，文物遗存非常丰富。甘肃现存各类石窟寺 337 座，素有“石窟艺术之乡”的美名。甘肃境内的史前文化遗址多达 7000 多处，其中属新石器时代的主要有大地湾文化、马家窑文化、齐家文化，属青铜器时代的有辛店文化、寺洼文化、沙井文化等。

炳灵寺石窟

世界文化遗产——天水古民居

2005 年 6 月，世界文化遗产基金会在纽约公布了 2006 年世界百大濒临危险的文化遗址，中国有六处遗址榜上有名。天水的古民居建筑名列其中。

天水民居继承了秦汉唐宋建筑的优良传统，所以显得朴素典雅，古风犹存。其土墙古槐、木楼竹影又说明，天水民居既有北方民居的厚重和严谨，也有南方民居的轻巧和灵动，这在西北乃至全国都是绝无仅有的。

天水民居中名气较大的有明中宪大夫胡来缙的南宅子、明太常少卿胡忻的北宅子及明清时期当地名门望族的私宅张氏民居、何家大院、赵家祠堂等。文史专家认为：在中国南、北两大古建筑流派中，天水古建筑的风格兼有北方的粗犷和南方的精巧秀美，有着重要的研究价值。其中的三星巷古建筑群的修建年代至少要比已列入世界文化遗产的山西平遥古城早数百年，并有专家称这里是“东方木雕的艺术馆”。

天水胡氏民居

河州彩陶

甘肃是国内保存彩陶类器物数量最多、品类最全、品位最高的省份，素有“彩陶之乡”美称。甘肃是中国出土汉简最多的省份，占全国出土汉简总数的82%。天水放马滩纸为西汉初期遗物，将中国造纸术的发明时间提前了近300年。

人头形器口彩陶瓶

天水放马滩纸

现藏于甘肃省简牍博物馆的西汉天水放马滩地图，其用纸是目前世界上最早的纸。纸的原料是大麻，是西汉早期麻纸。纸上用墨线绘有山、川、崖、路，是一幅世界最早的纸绘地图。

铜人头

甘肃省博物馆

甘肃省博物馆前身是1939年由中英庚子赔款董事会组建成立的甘肃省科学教育馆，1956年正式改名。1958年迁入现址，2006年新馆落成。馆内共有展厅18个，是集展览区、藏品库房区和办公区为一体的智能化建筑。2008年免费开放以来，共接待国内观众1250万人次，国外观众约200万人次。被命名为“全国爱国主义教育基地”。

木雕六博俑

文溯阁《四库全书》藏书馆

文溯阁本《四库全书》是甘肃省的镇省之宝。2000年12月，选定在兰州市区北山九洲台新建文溯阁《四库全书》藏书楼，于2003年6月正式开工建设，2005年7月落成。藏书馆总投资5000万元，占地50余亩，建筑面积5727平方米。馆内功能齐全，设施先进，在建筑规模、安全性能、内部设施、现代科技应用等方面均达到全国同类馆的领先水平。

莫高窟九层佛阁

世界文化遗产——敦煌莫高窟

敦煌地处河西走廊的最西端，是中原通往西域，乃至欧洲的惟一通道，是古丝绸之路的咽喉要地。历史上的敦煌是世界四大古老文明的集结地。到了汉代，丝绸之路从长安出发，一路向西延伸到敦煌，敦煌成为古丝绸之路上最大的通商口岸和国际贸易城市。

敦煌莫高窟，俗称千佛洞。始建于十六国的前秦时期，是世界上现存规模最大、内容最丰富的佛教艺术地。莫高窟与山西大同云冈石窟、河南洛阳龙门石窟、甘肃天水麦积山石窟并称为中国四大石窟。

长城第一墩

嘉峪关悬壁长城

甘肃境内的长城

甘肃是中国长城遗址留存最多的地区之一，也是秦、汉、明长城最西的起首地。甘肃境内古长城总长度达 4400 多公里。那些国宝级的残破的土墙、土墩台、壕沟，是战国秦、汉代乃至明朝陆续修筑的，它们代表着中央王朝对西域或攻或守的决心。

甘肃是红军长征经过的主要省份，也是三大主力红军都经过的惟一省份，红军长征在甘肃留下了许多珍贵的遗址遗迹，目前被列为各级保护的革命文物有300多处，各级博物馆收藏的珍贵革命文物近万件。

南梁革命纪念馆

坐落于庆阳市华池县南梁乡，原陕甘边苏维埃政府所在地，为全国爱国主义教育示范基地、全国国防教育基地、全国首批百个红色旅游经典景区、国家AAA级旅游景区。

会宁会师楼

位于会宁县城西，即原城门楼“西津门”。1936年10月8日，中国工农红军一、二、四方面军在会宁会师，1958年，会宁县人民政府为纪念红军会宁会师，将此楼改为会师楼，“西津门”更名为“会师门”，并多次维修加固。1986年4月20日，在距会师楼100米处破土动工修建会师塔。邓小平同志题写的“中国工农红军一、二、四方面军会师纪念塔”，以汉白玉制成16米长的阴文条幅，白底红字，镶嵌在塔的正面。

华夏文明传承创新区

华夏文明传承创新区是中国第一个国家级文化发展战略平台，按照国家关于甘肃发展的战略定位和建设文化大省的总要求，打破现有行政界限，统筹全省文化资源和各类生产要素，以文化建设为主题，以经济结构战略性调整和经济发展方式根本性转变为主线，确定了围绕“一带”，建设“三区”，打造“十三板块”的工作布局。

“一带”是丝绸之路文化发展带；“三区”是以始祖文化为核心的陇东南文化历史区、以敦煌文化为核心的河西走廊文化生态区和以黄河文化为核心的兰州都市圈文化产业区；“十三板块”是文物保护、大遗址保护、非物质文化遗产保护传承、历史文化名城名镇名村保护利用、民族文化传承、古籍整理出版、红色文化弘扬、城乡文化一体化发展、文化与旅游深度融合、文化产业发展、文化品牌打造、文化人才队伍建设、节庆赛事会展举办。

一 带

丝绸之路文化发展带。以丝绸之路为轴线，以亚欧大陆桥甘肃段为腹地，充分挖掘悠久厚重的历史文化资源和丰富多彩的自然人文资源，发挥沿线城市群落辐射带动作用，加大保护传承和创新发展力度，促进文化事业全面繁荣、文化产业创新发展，成为推动甘肃转型跨越、科学发展、民族团结、富民兴陇的核心地带。

三 区

以始祖文化为核心的陇东南文化历史区。实施国务院批复的《关中——天水经济区发展规划》和《陕甘宁革命老区振兴规划》，加大文化建设力度，推动甘肃省陇东南四市融入其中，着重围绕始祖文化、大地湾文化、先秦文化、道教文化、农耕和民俗文化、红色文化等，重点发展文化旅游、文化创意、民俗农耕文化展示、红色旅游、演艺会展、工艺美术品制造等产业。形成以天水为中心，以始祖文化为重点，以再现农耕和民俗文化为手段，以文化旅游为载体，以文化产业为支撑的保护传承和创新发展体系。打造全球华人祭祖圣地天水、生态陇南、养生平凉、民俗庆阳以及红色南梁、周祖圣地、岐黄故里等特色文化品牌。

以敦煌文化为核心的河西走廊文化生态区。围绕敦煌文化、长城文化、丝绸之路文化、石窟文化、简牍文化、五凉文化、西夏文化、边塞军旅文化以及现代工业和科技文化等，以促进文化生态发展、保护文化形态多样性为重点，实施综合开发，整体推进，沿铁路、公路向周边辐射，以大型节庆活动和体育赛事为载体积聚人气，形成集遗产保护、景观旅游、事业服务、产业发展、产品交易、文化交流为一体的文化展示研究基地和文化园区。

以黄河文化为核心的兰州都市圈文化产业区。围绕黄河文化、彩陶文化、民族文化、宗教文化等资源，充分发挥省会城市对周边城市的带动作用，把兰州建设成为华夏文明的展示区、文化创意研发的核心区和文化创新拔尖人才的集聚区，重点发展文化创意产业，大力发展影视制作业、文化旅游业、出版业、发行业、印刷业、广告业、演艺业、会展业、数字内容和动漫等文化产业，形成以中心城市为依托，以教育、科技、人才为支撑，以改革创新为动力，以产业发展为突破口的高层次文化产业圈。

大梦敦煌

武威天梯山石窟

十三板块

文物保护

开展各级文物调查，建立各类文物资源数据库。加大重要文物保护维修力度，坚持保护第一的原则，打造敦煌莫高窟保护利用示范性工程，实施以天水麦积山石窟、瓜州榆林窟和东千佛洞石窟、武威天梯山石窟、永靖炳灵寺石窟、张掖马蹄寺石窟群等为重点的石窟寺保护项目，并延展到全省其他石窟寺。加强对甘肃彩陶、临夏古生物化石以及武威白塔寺等重要历史文化遗址的保护。实施重要古建筑保护项目，重点保护夏河拉卜楞寺、张掖大佛寺、武威文庙、鸠摩罗什寺、天水伏羲庙、永登鲁土司衙门等古建筑。加强工业遗产、乡土建筑、文化线路、文化景观等新品类文化遗产的保护工作。加强对高台骆驼城遗址及墓群、果园—新城墓群、张掖黑水国遗址、景泰永泰龟城等濒危田野文物和遗址的抢救性保护。强化文物安全防范设施，推进文物风险单位安防设施达标建设，提高文物安全防范能力。

大遗址保护

加强长城保护，重点实施嘉峪关文化遗产保护工程，建设长城博物馆，全面展示长城文化。开展长城重点段落抢险加固工程，加大对阳关、玉门关等长城关隘的保护和维修力度。积极推进丝绸之路申报世界文化遗产工作，做好甘肃段备选遗产点文物本体保护、基础设施建设、环境整治等相关工作。实施天水大地湾遗址、许三湾城及墓群、大堡子山遗址及墓群、天水张家川马家塬遗址及墓群、居延遗址（甘肃部分）的抢救保护和基础设施建设项目，提高综合保护、利用能力。

非物质文化遗产保护传承

主要包括民族民间文学、音乐、舞蹈、戏曲、曲艺、杂技、美术、民间手工技艺、游艺、传统体育与竞技、传统医药等文化艺术形态和样式。对列入联合国教科文组织人类非物质文化遗产代表作名录的"花儿"、61项国家级和333项省级非物质文化遗产代表性项目等进行保护传承，培育良好文化生态，丰富文化的多样性。建设民俗文化村、民俗生态博物馆等，使民间民俗文化的基本形态、承载方式、核心内涵得到有效传承发展。对处于濒危状况的国家级、省级非物质文化遗产代表性项目进行抢救保护，特别是对年事已高的代表性传承人进行重点保护，建立传习所，尽快培养接班人。

景泰永泰龟城鸟瞰

兰州刻葫芦

青城古城

历史文化名城名镇名村保护利用

加强历史名城保护利用，加快保护规划编制实施，加大保护工作的投入。重点加强天水、武威、张掖和敦煌国家历史文化名城保护与合理利用的研究。在城市建设中融入不同时代的历史文化元素，使每个城市各具特色。重点保护宕昌哈达铺镇、榆中青城镇、金崖镇、永登连城镇、古浪大靖镇、秦安陇城镇、临潭新城镇等国家级历史文化名镇和文县碧口镇、通渭县马营镇、华亭县安口镇、碌曲朗木寺镇、华池县南梁镇、积石山县大河家镇等省级历史文化名镇。加强历史文化名村保护工作，积极发扬培育优秀的传统村落，并将符合条件的村落推荐为中国历史文化名村，保护好利用好乡村的优秀历史遗存。

八角城遗址

裕固族萨尔组合

民族文化传承

深入开展民族交流交融史研究，挖掘民族团结互助历史事实，大力弘扬民族团结精神。建立甘肃少数民族出版基地。开展少数民族特色文化保护工作，重点推动少数民族语言、文字科学保护和图书、报刊、影视的译制、出版、播出等工作。加强对少数民族特别是东乡、保安、裕固三个甘肃独有少数民族文化遗产的保护传承，完成文化资源保护项目的数字化、建档、修复等基础性保护工作。

古籍整理出版

依托省内外高等院校和科研院所，对6万多枚汉简进行整理研究。对入选《国家珍贵古籍名录》的古籍进行保护和整理出版。对夏河拉卜楞寺、张掖大佛寺、武威文庙所藏珍贵经卷和文献进行整理出版和科学保护。实施文溯阁《四库全书》的影印出版工程和甘肃历史文化资源出版工程。

红色文化弘扬

重点加强对列入全国经典红色旅游景区的15个红色旅游景区（点）的历史文化保护、挖掘和规划、开发。依托会宁县红军长征胜利会师纪念馆、陕甘边革命根据地南梁纪念馆、高台中国工农红军西路军纪念馆、古浪战役纪念馆、哈达铺红军长征纪念馆、腊子口战役纪念馆、榜罗镇红军长征纪念馆、两当兵变纪念馆、兰州八路军办事处等，建立一批爱国主义教育示范基地，丰富文化旅游内容，形成全省红色旅游资源与周边省份联接互动，打造红色之旅精品旅游线路，广泛开展爱国主义教育活动，弘扬爱国主义精神。

城乡文化一体化发展

加快推进五大文化惠民工程，在高质量完成市级三馆建设的基础上，建设甘肃简牍博物馆、彩陶博物馆等一批特色专题博物馆。推进金昌国家级公共文化服务体系建设示范区创建，推动其他地市创建国家公共文化服务体系建设示范区。深化博物馆、美术馆、公共图书馆、文化馆（站）免费开放。以嘉峪关、金昌、武威为重点，开展城乡文化一体化建设新模式探索试验。建立以城带乡联动机制，合理配置城乡文化资源，鼓励城市和各文化单位对农村进行文化帮扶。广泛开展文化志愿服务活动。在全省形成覆盖城乡、结构合理、功能健全、实用高效的公共文化服务体系。

文化品牌打造

进一步加强始祖文化、先秦文化、农耕和民俗文化、民族宗教文化、五凉文化和敦煌学、简牍学、西夏学的研究。建立华夏文明传承创新发展研究院、始祖文化研究院、简牍研究中心，五凉文化研究中心等研究机构。打造敦煌文化论坛。依托优势文化和传统特色，建设一批民族团结示范县、文化艺术体育之乡。挖掘优秀历史文化资源，开展文化艺术精品创作，推出文学、美术、音乐、书法和舞台艺术的精品佳作。深度开发《读者》品牌，促进读者出版集团建立现代企业制度，打造大型新闻出版传媒集团。打造敦煌画派。拍摄一批全面反映甘肃自然风光和历史文化的专题片、纪录片、动画片和影视片（剧），创作一批颂扬甘肃独特历史文化、民族风情及优美风光的通俗歌曲。

国家级非物质文化遗产
西和县“乞巧”民俗

文化与旅游深度融合

把加快发展旅游业与建设文化大省紧密结合起来，把提升文化内涵贯穿到旅游业发展全过程。旅游开发建设要依法加强自然文化遗产保护，深挖文化内涵，普及科学知识，发挥非物质文化遗产资源优势，开发新型文化旅游产品。建设重点旅游城市文化功能区和精品特色文化县（区），营造旅游目的地浓厚的文化氛围。加快重点文化旅游项目建设，量身打造探险、体验和生态保护志愿者旅游产品，积极发展生态旅游业，建设汽车露营基地和营地，大力发展自驾旅游项目。提高旅游商品开发的文化创意水平，突出旅游饭店和餐饮主题文化特色，体现旅游经营服务的人文特质，提升旅游活动的文化品位。发挥文化资源优势，推出具有地方特色和民族特色的演艺、节庆等文化旅游产品。

文化产业发展

制定文化产业发展规划，按照整体一盘棋、一市一特色、一园一重点的原则，总体规划、错位发展、形成规模、聚集优势。培育具有龙头带动作用的大型国有文化企业集团，积极推动有条件的文化企业上市融资。加快文化与科技融合步伐，建立健全以企业为主体、市场为导向、产学研相结合的文化科技创新体系，重点建设兰州国家级文化和科技融合示范基地，全面启动敦煌国家级文化产业园申报和建设工作。积极推进华夏始祖文化园、兰州创意文化产业园、庆阳农耕和民俗文化产业园、临夏民俗文化产业园和丝绸之路文化产业带建设工作。

文化人才队伍建设

完善有利于文化人才健康成长的体制机制，培养和引进一批文化领军人才，特别是创意人才、经营人才和管理人才，形成一支规模宏大的高素质文化人才队伍。整合教育资源，通过高等教育、职业教育和岗位技术培训，培养文化产业发展亟须的专门人才。壮大文化志愿者队伍。完善人才流动、使用、激励等机制。

节庆赛事会展

每年举办“敦煌行·丝绸之路国际旅游节”，每两年举办中国敦煌国际艺术节、举办嘉峪关国际短片电影展。通过坚持不懈的努力，把上述节会打造成国际知名文化旅游艺术节会。办好伏羲公祭大典、中国庆阳农耕文化节、“张芝奖”全国书法大展、中国民间艺术节、中国国际鼓文化艺术周、临夏中国民歌艺术节、西和中国乞巧文化旅游节。继续挖掘资源潜力，创新节会形式，提高节会品位，突出个性特色，办好各地已有文化节会。整合资源，提升规格，重点办好兰州国际马拉松赛、环青海湖国际公路自行车甘肃段赛事、嘉峪关国际滑翔节、嘉峪关国际铁人三项赛、全国沙滩排球巡回赛（甘肃敦煌站）、张掖·中国汽车拉力锦标赛等体育赛事。充分发挥博物馆、纪念馆和展览馆的作用，开展各种文化展览、展示活动。

小链接

《读者》杂志

《读者》杂志自 1981 年创办至今，始终坚持“博采中外、荟萃精华、启迪思想、开阔眼界”的办刊宗旨，被誉为“中国人的心灵读本”，成为中国期刊第一品牌。目前月发行量为 800 多万册，位居中国和亚洲第一、世界综合类期刊第四位。2009 年 6 月，经世界品牌实验室评估，《读者》品牌价值达 44.85 亿，列传媒类 16 位，杂志类第一位。

读者大楼

“甘肃”是古丝绸之路的黄金地段，像一块瑰丽的玉如意镶嵌在中国中部的三大高原上，历史悠久，风景秀美。甘肃省旅游资源丰富，著名的有敦煌莫高窟、鸣沙山、月牙泉、甘南草原、嘉峪雄关、张掖丹霞地貌等，无不让人流连忘返。

第三章

旅游风光

- 风景名胜
- 旅游路线推荐

甘肃的旅游资源十分丰富，具有沙漠戈壁、名刹古堡、草原绿洲、佛教圣地、冰川雪山、红色胜迹和民族风情等独特景观。如果说出土于甘肃的中国旅游标志“铜奔马”和最早的邮政图标“驿使图”，印证了这里曾经拥有的繁华与辉煌，今天，经过多年发展形成的黄金旅游线路和旅游景点，将带给世人以全新的感受与激情畅想。

铜奔马

魏晋墓砖画像 驿使图

莫高窟第 45 窟：西壁佛龛

风景名胜

敦煌莫高窟

位于敦煌市东南 25 公里处，大泉沟河床西岸，鸣沙山东麓的断崖上。洞窟始凿于前秦建元二年（公元 366 年），现存 491 个洞窟，有 2,400 多尊雕塑，45,000 平方米壁画。是世界现存规模最庞大的“世界艺术宝库”。1987 年 12 月被联合国教科文组织列为世界文化遗产。莫高窟艺术的特点表现在建筑、塑像和壁画三者的有机结合上，系统反映了十六国、北魏、西魏、北周、隋、唐、五代、宋、西夏、元等十多个朝代，东西方文化交流的各个方面，成为人类稀有的文化宝藏和财富。

自从 1900 年莫高窟藏经洞中发现了五万多卷宗教文书和世俗文书后，敦煌艺术震惊了世界，"敦煌学"已成为世界性的显学。由日本捐资，在莫高窟对面的三危山下，由敦煌研究院承建了敦煌艺术陈列中心，仿制了部分原大洞窟，使游客在莫高窟的观赏内容更加丰富多彩。

小链接

莫高窟由来

据唐《李克让重修莫高窟佛龛碑》一书的记载，前秦建元二年（366 年），僧人乐尊路经此山，忽见金光闪耀，如现万佛，于是便在岩壁上开凿了第一个洞窟。此后法良禅师等又继续在此建洞修禅，称为"漠高窟"，意为"沙漠的高处"。后世因"漠"与"莫"通用，便改称为"莫高窟"。另有一说为：佛家有言，修建佛洞功德无量，莫者，不可能、没有也，莫高窟的意思，就是说没有比修建佛窟更高的修为了。

鸣沙山、月牙泉

鸣沙山东西长 40 多公里，南北宽 20 余公里，沙山由红黄绿黑白五彩沙粒堆积而成，人从山顶下滑，沙随人落，会发出美妙的声响。沙湾中的月牙泉湖，状似一弯新月，终年碧波荡漾，清澈见底。沙山与泉水两种景观共生，实为沙漠奇观。

月牙泉又称药泉

当年唐三藏去西天取经，途径敦煌，因为是无际的沙漠，没有水没有食物，白龙马已经死了（当地有白马塔就是安葬白龙马的地方），唐僧艰难跋涉，终于也快要倒下了，此时正被观世

鸣沙山月牙泉

小链接

鸣沙山

鸣沙山以沙动成响而得名，位于敦煌城南五公里。东汉称沙角山，晋代称鸣沙山，主峰海拔 1715 米。鸣沙山的形成有一个传说：西汉时汉军与匈奴交战，大风突起，漫天黄沙将两军人马全部埋入沙中。千百年后，漫漫黄沙之下，仿佛仍能听到军兵的喊杀声和战马的嘶鸣声。

音菩萨看在眼里，为了祝他成功，所以从紫金瓶里滴下一滴金水，瞬间在茫茫沙漠里出现一汪月牙似的清泉，而且泉里还有一种叫“七星草”草药，可以治百病，后此泉得名“月牙泉”，于是唐僧获救了，便继续向西天前进，月牙泉也一直存留了下来直到今天。

敦煌雅丹国家地质公园

敦煌雅丹国家地质公园是全世界规模最大、地质形态发育最成熟、最具观赏价值的雅丹地貌群落。景区东西长约 25 公里、南北宽约 18 公里，景点造型千奇百怪，巧夺天工，令人目不暇接，流连忘返。张艺谋导演的电影《英雄》在这里拍摄后，“魔鬼城”的壮美风光吸引了无数游客，成为敦煌又一处迷人的旅游胜地。

敦煌雅丹地质公园——孔雀

阳关、玉门关遗址

自汉武帝“列四郡，据两关”始，古人出敦煌赴西域必经阳关或玉门关，“春风不度玉门关”、“西出阳关无故人”是古代艰辛旅程的真实写照。阳关博物馆出关验牒、点将练兵、古代陶艺表演等活动，再现了丝路敦煌的历史场景。玉门关两侧长城蜿蜒，烽燧兀立，与古关雄姿交相辉映，令游人怀古之情，油然而生。

王之涣·凉州词

黄河远上白云间，
一片孤城万仞山。
羌笛何须怨杨柳，
春风不度玉门关。

玉门关遗址

阳关

嘉峪关

嘉峪关关城

位于嘉峪关市域最狭窄的山谷中部，地势最高的嘉峪关山上，向北 8 公里，连黑山悬壁长城，向南 7 公里，接长城第一墩，是明代万里长城西端主宰，自古为河西第一隘口。关城史建于明洪武五年（1372 年），因地势险要，建筑雄伟而有“天下雄关”、“边陲锁阴”之称。

嘉峪关由内城、外城、城壕三道防线成重叠并守之势，壁垒森严，与长城连为一体，形成五里一燧，十里一墩，百里一城的军事防御体系。现关城以内城为主，周长 640 米，以黄土夯筑而成，

西侧以砖包墙，雄伟坚固。内城开东西两门，东为“光华门”，意为紫气东升，光华普照；西为“柔远门”，意为以怀柔而致远，安定西陲。门台上建有三层歇山顶式建筑。东西门各有一瓮城围护，西门外有一罗城，与外城南北墙相连，有“嘉峪关”门通往关外，上建嘉峪关楼。嘉峪关城墙上还建有箭楼、敌楼、角楼、闸门楼共十四座，关城内建有游击将军府、井亭、文昌阁，东门外建有关帝庙、牌楼、戏楼等。整个建筑布局精巧，气势雄浑，与远隔万里的“天下第一关”山海关遥相呼应。

嘉峪关定城砖

这是放置在嘉峪关西瓮城门楼后檐台上的一块砖。相传明正德年间，有一位名叫易开占的修关工匠，精通九九算法，所有建筑，只要经他计算，用工用料十分准确和节省。监督修关的监事官不信，要他计算嘉峪关用砖数量，易开占经过

嘉峪关

详细计算后说："需要九万九千九百九十九块砖。"监事官依言发砖，并说："如果多出一块或者少一块，都要砍掉你的头，罚众工匠劳役三年。"嘉峪关竣工后，只剩下一块砖，放置在西瓮城门楼后檐台上。监事官发觉后大喜，正想借此克扣易开占和众工匠的工钱，哪知易开占不慌不忙的说："那块砖是神仙所放，是定城砖，如果搬动，城楼便会塌掉。"监事官一听，不敢再追究。从此，这块砖就一直放在原地，谁也不敢搬动。现在，此砖仍保留在嘉峪关城楼之上。

嘉峪关长城博物馆

坐落于天下第一雄关脚下，占地面积 12,312 平方米，陈列面积 1,766 平方米，主体建筑外形呈烽火台式，恰似烽燧相望，长城相连。端庄肃穆，古朴素雅，似长城又非长城，像关隘又不是关隘，新颖别致，是中国第一座专业性长城博物馆。

张掖大佛寺卧佛

张掖大佛寺

位于张掖市西南隅，与张掖宾馆一墙相隔，有侧门相通，因寺内有中国最大的室内卧佛涅槃像而得名。寺院始建于西夏永安元年（1098年），史载西夏国师嵬咩在此掘出一翠瓦覆盖的卧佛而初建大佛寺。现存建筑有大佛殿、藏经阁、土塔三处。大佛殿殿高33米，面阔9间，规模宏大。殿门两侧各镶以六平方米的砖雕一块，左为“登极乐天”、“西方圣境”，右为“入三摩地”、“祇园演法”。殿内有木胎泥塑佛像，长34.5米，肩宽7.5米，脚长4米，耳长2米，金装彩绘，形态逼真，视之若醒，呼之则寐。卧佛身后塑十大弟子，两侧廊房塑十八罗汉，殿内四壁为《西游记》和《山海经》壁画。藏经阁内珍藏有明英宗颁赐的六千多卷佛经，经文保存完好，以金银粉书写的经文最为珍贵。寺后有一座33.37米高的土塔，为张掖五行塔之一，其一、二层台座四隅各建一小塔，风格独特，为国内罕见。张掖大佛寺据传曾为元世祖忽必烈降生地，别吉太后的灵柩寄放于寺内。南宋末年，宋恭宗赵显被虏后为避祸而出家于此。大佛寺规模宏大，16世纪时寺内可容纳四、五千人同时朝拜。

小链接

大佛寺的传说

相传，很早的时候。有兄弟三人向西取经拜佛。走到凉州武威时，老大说：你们二位兄弟先走，我站下等着办个事。兄弟俩走到山丹，老二说：兄弟你先走，我在这里等大哥。老二左等右等不见大哥来，就坐下等。老三走到甘州张掖，等来等去不见大哥二哥来，索性睡下等，从此，老大一直站在凉州武威、老二一直坐在山丹，老三一直睡在甘州张掖。后来，人们在武威、山丹、张掖各修一大佛寺。武威大佛寺塑站佛老大，山丹大佛寺塑坐佛老二，张掖大佛寺塑睡佛老三。

张掖五行塔

古时的张掖，有"一城山光，半城塔影，连片苇溪，遍地古刹"之说，城里城外寺庙遍地，佛塔林立。这些古塔多是为高僧、和尚、喇嘛死后遗体火葬而建，亦俗称"和尚塔""喇嘛塔"。张掖古塔中最为著名的是金、木、水、火、土五行塔，现在只有木塔和土塔完好无损，其余已不复存在。张掖木塔屹立于有名的万寿寺内，土塔坐落于大佛寺东侧。

张掖土塔

山丹军马场

位于祁连山区大马营草场，是目前世界上历史最悠久，亚洲规模最大，世界第二大马场。山丹军马场地势平坦，水草丰茂，夏季绿草如茵，冬季一片金黄，是马匹繁衍、生长的理想场所。早在三千多年前，这里就已养马。自西汉以来，这里以当地蒙古马为基础，又引进了各种西域良马，杂交培育出的山丹马驰名天下，这里遂成为历代皇家军马养殖基地，经久不衰。山丹马体形

匀称，粗壮结实，雄健骠悍，耐粗饲，适应性良好，速度和持久力俱优，是驮、乘、挽兼用的良骥，目前共有三千多匹马。山丹军马场风光旖旎。游客到大马营后，继续东行50公里到军马场一场，可举行骑马旅游、野营、参观赛马或马术表演，并游览自然风景名胜。这里也是理想的塞上影视场地。自《牧马人》《蒙根花》《文成公主》《王昭君》等30多部影视片在此拍摄播出后，山丹马和军马场都名声大振，成为重要的影视旅游胜地。

全国最美的六大草原——山丹马场西大河水库风光

武威雷台汉墓景区

雷台汉墓是一座东汉晚期的大型砖石墓葬，有1800多年的历史。出土有文物231件，铜车马仪仗俑99匹，以中国旅游标志铜奔马最为珍贵。铜奔马又称“马踏飞燕”，蕴含丰富的天马文化内涵，铸造技巧精湛，堪称青铜艺术之极品。目前，雷台公园已建成以天马文化为主题的旅游景区。

小链接

中国旅游标志·马踏飞燕

马踏飞燕又名马超龙雀、铜奔马、马袭乌鸦、鹰（鹞）掠马、马踏飞隼、凌云奔马等，为东汉青铜器，1969年出土于甘肃省武威市雷台汉墓。东汉时期镇守张掖的军事长官张某及其妻合葬墓中出土，现藏于甘肃省博物馆。“马踏飞燕”身高34.5厘米，身长45厘米，宽13厘米。“马踏飞燕”自出土以来一直被视为中国古代高超铸造业的象征。

1983年10月，“马踏飞燕”被国家旅游局确定为中国旅游标志。1985年铜奔马以“马超龙雀”这个名称被国家旅游局确定为中国旅游业的图形标志，并一直被沿用至今。1986年被定为国宝级文物。

武威白塔寺

武威白塔寺

位于武威市南约 20 公里处的白塔村，全国重点文物保护单位，由寺院、塔院、塔林等建筑构成。白塔寺遗址是藏传佛教的重要寺院，也是中国元代祖国统一的历史见证；它规模宏大壮观，金碧辉煌，是集旅游观光、蒙藏风情体验、休闲度假为一体的旅游景区。

中山铁桥

位于兰州城北的白塔山下、金城关前，有“天下黄河第一桥”之称，是兰州市内标志性建筑之一。铁桥建成之前，这里设有浮桥横渡黄河。浮桥始建于明洪武年间（公元一三六八至一三九八年），名叫镇远桥，今尚存建桥所用铁柱一根高达三米，重约数吨，上有“洪武九年”字样。

陇右第一名山——兴隆山

位于榆中县城西南五公里处，兴隆山为距兰州市最近的国家级森林公园。古因“常有白云浩渺无际”而取名“栖云山”。早在西周时已成为道人凿洞修行之地，清康熙年间取复兴之意，改名“兴隆山”。主峰由东西二峰组成，东峰“兴隆”海拔 2400 米，西峰“栖云”海拔 2500 米，二峰间为兴隆峡，有云龙卧桥横空飞架峡谷。现栖云峰有混元阁、朝云观、雷祖殿等殿阁；兴隆峰有二仙台、太白泉、大佛殿、喜松亭、滴泪亭等景点。史载，公元 1227 年，成吉思汗的灵柩运至兴隆山，密藏于大佛殿内；1949 年 8 月才迁往青海塔尔寺；1954 年，由内蒙古自治区人民政府迎回，安放在伊克昭盟伊金霍洛旗新建的成吉思汗寝室。兴隆山因这段历史而更加著名。

景泰黄河石林

景泰黄河石林景区

景泰县黄河石林景区是以沙砾岩为主的石林地貌奇观，规模宏大，气势磅礴，是兰州周边又一处著名旅游景区。景区内峡谷蜿蜒，峰林耸立，绝壁凌空，石柱、石笋景观千姿百态，造型各异。石林景观与黄河曲流山水相依，动静结合。与石林一河之隔的黄河绿洲如世外桃源，具有别样的黄河绿洲风情。

漳县贵清山

贵清山景区包括贵清山和遮阳山，集北方之雄奇，南方之隽秀于一体。贵清山有无数奇峰秀水，参天古松，流泉飞瀑，引人入胜。建于明代的古刹禅院，五百年来经久不衰。遮阳山景区山势险峻、林草丰茂、禽珍兽异、古迹众多、景色迷人，已成为生态旅游胜地。

世界最大的喇嘛教学府——夏河拉卜楞寺

位于夏河县城西，背依凤山，面对龙山，地处“金盆养鱼”之地。寺院由第一世嘉木样活佛创建于1710年，经历世嘉木样修建，现已成为甘、青、川地区最大的藏族宗教和文化中心，为藏传佛教黄教(格鲁派)六大宗主寺之一，寺院汇集了藏、汉、蒙各族人民的智慧，以精湛的建筑艺术和辉煌的宗教文化而著称。拉卜楞寺内藏有各类经卷6万余册，分全集、哲学、密宗、医药、声明、缀韵、历史、宗教、传记、工巧、数学、诗词12类，成为藏书最多的寺院。拉卜楞寺设有显宗闻思学院、密宗续部学院、续部上院、喜金刚学院、时轮金刚学院、医学院等六大学院，为世界最大的喇嘛教学府。拉卜楞寺在每年农历正月初四至十七日和六月二十九日至七月十五日举行大法会，尤以正月十三和七月初八的晒佛、辩经活动最为壮观。

甘南大草原

迷人的甘南草原是一个绿草浓荫的世外桃源，平坦开阔的高原牧场，人类与自然和谐共处的香巴拉净土。帐篷星罗棋布，炊烟缭绕，牛羊成群，牧歌飘荡。游人可穿上藏族服饰，骑上骏马或牦牛，信步漫游草原，尽情领略藏族牧民的民俗风情。甘南草原主要分布在玛曲、夏河、碌曲三县。

夏河拉卜楞寺

甘南玛曲大草原

甘肃三大石窟之一——炳灵寺石窟

位于临夏永靖县西南35公里处的小积石山中。炳灵寺最早叫“唐述寺”，是羌语“鬼窟”之意。后历有龙兴寺、灵岩寺之称。明永乐年后，取藏语“十万佛”之译音，取“炳灵寺”或“冰灵寺”之名。石窟分上寺、洞沟、下寺三处，分布在大寺沟两侧的红沙岩上，洞窟层层叠叠，栈道曲折盘旋而上。炳灵寺以下寺为主，创建于西秦，历经北魏、西魏、北周、隋、唐、元、明、清各代扩建，距今已有1600多年的历史。现存窟龛183个，造像近800身，分石雕、石胎泥塑和泥塑三种，壁画约900平方米。炳灵寺最为典型的是石雕像、浮雕佛塔和密宗壁画艺术，与莫高窟和麦积山石窟并称为“甘肃三大石窟”。

东方雕塑艺术馆——麦积山石窟

位于麦积山风景名胜区内，是中国四大名石窟之一，距天水市 45 公里。麦积山风景名胜区在西秦岭北支岭的东段，包括麦积山、仙人崖、石门、曲溪四大景区和街亭古镇。其中，以麦积山石窟最为著名。麦积山为典型的丹霞地貌，因形如农家麦垛而得名，山崖拔地而起，高 80 米，山势险峻，周围绿树成林，环境清幽。西汉末年，麦积山已成为天水名将隗嚣的避暑宫。十六国后秦（公元 384 年 –417 年）时，始修凿石窟，后经北魏、西魏、北周、隋、唐、五代、宋、元、明、清十多个朝代，1500 多年的开凿续修，已成为我国著名的大型石窟群之一。麦积山石窟有洞窟 194 个，泥塑和石刻造像 7800 余身，壁画 1300 多平方米，尤以泥塑艺术见长，被誉为“东方雕塑艺术馆”。

麦积山石窟

道教第一名山——平凉崆峒山

位于平凉市西 15 公里处，系六盘山山脉，素有“西镇奇观”、“崆峒山色天下秀”之美誉，为天下道家第一名山，其名取道家空空同同、清净自然之意。崆峒山早在秦汉时期即为僧道聚集之地，秦皇汉武皆曾登临崆峒。唐宋明清各代，山上均有道观禅院，开辟丛林。明代时规模最大，有 8 台、9 宫、12 院、42 座建筑群，共 40 多处名胜古迹，至今犹存，以崆峒宝塔最为著名。

西狭景区——成县鸡峰山

鸡峰山“奇峰孤耸，直入云际，状似鸡首”，有十八盛景，风光壮美。《西狭颂》位于鸡峰山不远的天井山麓、鱼窍峡中，被誉为“汉代书法三颂”之首的西狭颂摩崖石刻，笔画舒展沉稳，笔峰遒劲有力，是中国古代书法的珍品。西狭峭壁对峙，古栈道弯曲迂回，溪流终年清澈。

旅游路线推荐

丝绸之路旅游线

饱经沧桑的古丝绸之路，遗留下许许多多令人感慨不已的遗址遗迹。“丝绸之路”这一被国家列为对外推出的十二大经典旅游线路之首。这一线路从东到西，连接了甘肃的天水、平凉、兰州、武威、张掖、酒泉、嘉峪关、敦煌等中国优秀旅游城市。漫步丝绸之路，可以欣赏到“东方雕塑馆”麦积山石窟、华夏民族祭祀人文始祖的伏羲庙，领略气势恢弘的武威雷台汉墓、“石窟鼻祖”天梯山石窟、举世无双的西夏碑和西藏纳入中国版图的见证地百塔寺，观赏世界最大的室内卧佛张掖大佛寺、河西走廊富饶的绿洲、牧马人的乐园山丹马场和马蹄寺石窟群，走进“天下第一雄关”嘉峪关、“世界艺术宝库”莫高窟，以及鸣沙山、月牙泉、玉门关和雅丹国家地质公园等一批世界级的旅游景点，还可以体验戈壁沙漠、雪峰冰川等独特的自然风光。

嘉峪关

永靖黄河石林

甘南玛曲大草原

兰州

拉卜楞寺

藏回风情草原风光旅游线

源远流长的民族传统文化和奇丽多姿的民俗风情，形成了甘肃旅游的又一特色。从兰州南行，经临夏回族自治州，到达被称为“九色香巴拉”天堂之地的甘南藏族自治州，可以欣赏临夏浓郁的穆斯林风情、风格各异的清真寺、和政古生物化石博物馆、永靖黄河三峡；欣赏亚洲最美的甘南玛曲草原风光、被誉为“东方小瑞士”的碌曲郎木寺、纯朴豪放的藏族民俗风情、藏传佛教格鲁派六大学府之一的拉卜楞寺和唐蕃古道遗迹。这不仅是一条著名的藏、回族民俗风情和宗教艺术旅游线，也是中国最美的湿地生态、草原风光旅游线。游客在穿过广袤的甘南大草原和若尔盖大草原后，可以到达四川省九寨沟景区。

临夏太子山

黄土风情红色革命旅游线

甘肃是陕甘宁边区的主要组成部分，红军长征的主要途经地和会师地，全国红色旅游资源大省。从兰州东行，经定西、会宁、平凉，到达华夏民族农耕文明发源地庆阳，并与陕西延安的旅游线连为一体。踏上这条旅游线，可以看到天险腊子口战役纪念馆、哈达铺红军长征纪念馆、通渭榜罗会议纪念馆、纪念三大主力红军长征胜利大会师的会宁纪念馆、会师楼和红军长征胜利景园；登临被誉为“天下道教第一山”的崆峒山，体验灵气独钟的人间仙境；可领略陕甘边革命根据地区南梁纪念馆、抗大七分校等红色旅游景点。这里既可以参观考察红色革命圣地，也可以观赏黄土高原墚塬地貌，体验黄土高原传统民俗风情。

张掖丹霞地貌

自然生态旅游线

甘肃东南部的天水和陇南位于亚热带和暖温带的交汇地带，特殊的区位、湿润的气候、丰沛的降水，在境内形成了众多的大小河流，拥有高达40%的森林覆盖率，素有“陇上江南”的美誉。在这条贯穿天水、陇南的旅游通道上，沿线峰峦叠翠，雾霭萦绕，山间瀑布、水库、碧潭星罗棋布，可以看到祭祀华夏始祖的伏羲庙、玉泉观、南宅子和著名的麦积山国家级风景名胜区，领略到成县鸡峰山、武都万象洞、康县梅园、宕昌官鹅沟、文县天池等景区的独特风貌，同时，还可以亲历体验徽县嘉陵江探险漂流的古朴奇趣。

舟曲拉尕山

兰州周边休闲消夏旅游圈

甘肃省会兰州市，以其作为西部区域的交通枢纽和商贸中心的特殊地位，带动并形成了以她为中心的周边地区旅游圈。黄河横贯甘肃中部，穿越兰州市辖区110多公里，使兰州成为全国黄河惟一穿城而过的省会城市，形成了独特的百里黄河风情线。沿线可以看到永靖黄河三峡、炳灵寺石窟、景泰黄河石林、兴隆山、吐鲁沟、冶力关、松鸣岩等名胜古迹和众多文化遗存；可以游览市区五泉山、白塔山、中山桥、黄河母亲雕塑、水车博览园以及南北滨河路的美丽夜景。兰州是中国十佳避暑旅游城市，有“丝路夏宫”的美誉。兰州历史上即“烟雨皋兰”清凉之地。夏天来兰州，您不仅可以领略母亲河——黄河的豪迈，乘羊皮筏子漫看两岸水车悠悠、灯河璀璨，还可以品尝黄河蜜、安宁桃、永靖枣和西瓜、梨等众多香甜的水果。

小链接

最佳旅游时间

甘肃的最佳旅游时间是 5 ~ 10 月。因为甘肃省跨纬度很大，所以南北气候有明显差别。兰州以北地区夏天炎热，冬季严寒，日夜温差大，干燥少雨。甘南地区以天然草场为重要旅游资源，而夏季是草木生长最丰茂的时节，所以每年的夏季是游甘南的最佳时间。

黄河水车

小链接

旅游注意事项

* 一定要注意携带御寒衣服，建议携带外套及毛衫出行，以免感冒。

* 需准备好充足的防晒品，自备防晒霜、润唇膏、太阳镜、太阳帽等防晒用品。

* 需带着水壶，多喝水或者多吃水果。

* 初到者往往会有轻微高原反应，出现头痛、头晕和食欲消退等现象，这些都属正常现象，不必惊慌，只要多饮水，注意休息，避免剧烈运动即可。

* 面食和牛羊肉是饮食的主要构成部分，要尽量适应，入乡随俗。

* 要注意调节时差，晕车的游客则最好带晕车药。

* 莫高窟里光线昏暗，游客不要忘记携带手电筒；登窟的话就不能忘记穿舒服的登山鞋。

* 要注意当地人的生活禁忌。不要因为小事情而与人起争执。

经过建国以来的开发建设，甘肃已形成了以石油化工、有色冶金、机械电子等为主的工业体系，成为我国重要的能源、原材料工业基地。农业方面，基本形成了草畜、马铃薯、水果、蔬菜等战略性主导产业，以及食用百合、球根花卉、黄花菜、花椒、油橄榄等地方性特色产业和产品。

第四章

经济建设

- 区域经济
- 工业经济
- 循环经济
- 服务业

改革开放30多年以来，甘肃省经济发展取得了突破性进展，经济总体运行形势良好，社会生产力和综合经济实力都跨上了新的台阶。产业结构得以优化并日趋合理，在全省经济增速加快的同时，经济运行的质量和效益也显著提高，政府、企业和居民收入同步实现较快增长。2015年甘肃省全年实现生产总值6790.32亿元。

区域经济

甘肃省区域经济发展遵循经济全球化和区域经济一体化的大趋势，坚持由“城市经济”向“区域经济”演进的发展模式，提出了“中心带动、两翼齐飞、组团发展、整体推进”的区域发展战略和“五个大幅度提升”的奋斗目标，积极打造兰（州）白（银）经济圈、酒（泉）嘉（峪关）一体化经济带、关中——天水经济区天水片区、金（昌）武（威）经济协作区、临（夏）甘（南）民族经济区、庆（阳）平（凉）天（水）陇东南煤电化走廊，重点发展兰州经济区和河西经济区，从而实现产业区的聚集，服务体系的完善，区域竞争力的增强和区域产业结构的升级。

中国石油化工股份有限公司兰州公司全景

白银市区

工业经济

甘肃是新中国成立以后国家重点投资建设工业体系的区域之一，“十一五”期间国家156个重大投资项目甘肃就有16个。甘肃资源丰富，不仅有适于农林牧渔各业综合发展的土地资源、气候资源，更有在全国占据重要地位的矿产资源、能源资源和生物资源。在已查明的矿产中，甘肃资源储量名列全国第1的矿产有10种。玉门油田是新中国第一个工业油田，“凡有石油处，就有玉门人，”就是诗人李季对玉门油田辉煌历史的真实描写。雄厚的工业基础，使甘肃在新能源、航天技术、新材料等基础科学研究领域处于全国领先地位。

甘肃是中国有色金属工业生产的重要基地。目前，冶金有色工业已拥有从地质勘探、采矿、选矿到冶炼加工，从科研、设计、施工到生产、设备制造等完整的工业体

金川公司二十万吨铜电解车间

联合国工业发展组织国际太阳能中心

系。甘肃的装备制造业实力雄厚，诞生过中国第一台大型无油超真空抽气机组、第一台大型天文望远镜镀膜机、第一台“92”钻机和第一台电驱动5000米海洋钻机，拥有一大批品牌和知名度较高的国内行业排头兵企业。

省会兰州是国家大科学装置首选的四大城市之一，中科院物理所重离子治癌技术项目、全国首个国际太阳能机构“联合国工业发展组织国际太阳能中心”、全国最西端的兰州航天科技园等一批尖端科研单位纷纷落户兰州，利用高科技发展风能、核能、太阳能。2012年批准建立的兰州新区，是国家第五个、西北第一个国家级新区。2015年，甘肃省两家企业获批建设国家重点实验室。企业国家重点实验室是国家技术创新体系的重要组成部分。

中国石油兰州石化公司

中国石油兰州石化公司是集炼油、化工、检维修、工程建设、科研开发及矿区服务为一体的大型综合性炼化生产企业。地处甘肃省兰州市，有权属土地面积约30平方公里，员工近3万人，总资产达400亿元，年销售收入700亿元以上。

公司的前身——兰炼、兰化均是国家“一五”期间156项重点工程项目，是新中国第一个现代化炼化生产企业，被誉为新中国石化工业的“摇篮”、“共和国长子”。先后在这里诞生了多套国内炼油化工生产装置和多项炼油化工先进技术，开发生产了一系列国家急需的石油化工产品，填补了多项国内空白。

进入新世纪，公司紧紧抓住国家实施西部大开发的战略机遇，率先建成我国西部第一个拥有1050万吨/年原油加工能力、70万吨/年乙烯生产能力的大型炼油化工生产基地，实现了炼油业务的快速发展，使企业进入了新的历史发展时期。

公司现有主要炼化生产装置90余套，能生产汽煤柴油、润滑油基础油、化肥、合成树脂、合成橡胶等多品种、多牌号、多系列石化产品。炼化主要工艺技术处于国内领先水平，多次获得国家科技进步奖。

公司先后荣获“国家质量管理奖”“全国企业管理优秀奖”“全国五一劳动奖状”“全国设备管理优秀奖”“国家专利工作示范企业”“全国环境优美工厂”等多项国家级荣誉。

兰州石化公司大乙烯装置

西部“陆上三峡”——酒泉千万千瓦级风电基地

酒泉千万千瓦级风电基地是西部大开发的又一标志性工程。2003 年以来，甘肃省先后完成了全省风电场工程和酒泉千万千瓦级风电基地规划报告。2009 年 4 月中国核准基地“十一五”380 万千瓦风电场项目。一期工程建成后，酒泉风电基地总装机达到 516 万千瓦。截止 2015 年，酒泉风光电装机 1065 万千瓦，形成千万千瓦级风电基地。力争到“十三五”末风电装机达到 2000 万千瓦，光电装机达到 700 万千瓦。

中国第一座百万千瓦级大型水利枢纽——刘家峡水电站

刘家峡水电站 1958 年开工建设，1968 年开始蓄水，1974 年全部建成发电。该工程由中国水利水电第四工程局建设，是中国第一座自行设计和安装的百万千瓦级大型水利枢纽工程。电站最大坝高 147 米、总装机 122.5 万千瓦、最大单机容量 30 万千瓦。它以“中国第一座百万千瓦级大型水利枢纽、中国最高重力坝、中国最大地下厂房、中国第一台 30 万千瓦双水内冷水轮发电机组、中国最大的有载调压变压器、中国第一条最长的超高压输电线路”等技术指标，填补了中国水电的多项空白，成为上世纪六、七十年代中国水电事业的里程碑和水电施工技术最高水平的代表，时为亚洲惟一一座百万千瓦级水电站。

中国第一个石油基地——玉门油田

玉门油田以1939年8月开凿完成的“老一井”为标志，拉开了玉门油田开发发展的历史序幕。1957年8月，“中国第一个石油基地”在玉门建成，涌现出铁人王进喜等一批英模人物，孕育形成了“铁人精神”。玉门油田先后为全国各大油田开发建设培养和输送了10多万名管理人员和技术骨干，支援设备4000多套台，被誉为全国石油战线的“大学校、大试验田、大研究所”。目前玉门油田原油年产量达到75万吨，炼油年达到200多万吨。玉门油田为新中国建立和社会主义现代化建设做出了历史性贡献。

长庆油田公司

成立于1970年，1983年更名为长庆石油勘探局，2008年长庆油田与长庆石油勘探局整合。几十年来，几代长庆石油人先后开发吴旗、马岭、安塞、靖安、西峰等27个油田。2008年，全年上交油气三级储量超10亿吨，连续8年位居中国石油之首，是近年来中国陆上油气储量、产量增长速度最快的油田。2010年，油田全年上交油气三级储量超15亿吨，新增油气储量再创历史新高。原油产量7年以100万吨以上规模增长，天然气产量连续5年以年产15亿至20亿立方米的幅度攀升，油气当量突破年产3000万吨大关，成为我国第二大油气田。2015年，长庆油田全年原油产量2480.8万吨，天然气产量374.6亿立方米，折合油气当量5465.7万吨，连续稳定在5000万吨。“十二五”期间为国家贡献原油1.17亿吨，天然气1652亿立方米，折合油气当量2.48亿吨。

金川公司六万吨镍电解车间

中国镍基地——金川公司

始建于1959年，是甘肃省国有控股的大型企业。公司主要生产镍、铜、钴、铂族贵金属及有色金属压延加工产品、化工产品等，是全球同类企业中生产规模大、产品种类全、质量优良的公司之一，是中国最大的镍钴铂族金属提炼中心。金川公司的建设改写了中国缺镍的历史，填补了中国镍钴工业的空白。目前，镍产量居全球第四位，钴产量居全球第二位，铜产量居国内第四，原料化工产品产量居中国有色行业第一，其中镍钴铂族金属采选冶综合技术实力居世界同行业前三位。2007年位列中国企业500强第65位，中国有色金属冶炼十佳企业之首。2011年，实现营业收入1200亿元，成为甘肃省首家营业收入突破千亿的企业。2013年，实现营业收入1850亿元。2014年，实现营业收入1848.42亿元。

酒泉钢铁基地

酒泉钢铁公司始建于 1958 年，是西北最大现代化钢铁联合企业。现拥有嘉峪关本部、山西翼城、兰州榆中三个钢铁生产基地，产品主要包括碳钢和不锈钢两大系列上百个品种，已形成年产铁、钢、材各 600 万吨以上的综合生产能力。公司拥有全国最大的黑色冶金坑采矿山、最长的冶金石灰石胶带运输线和机械化大型综合料场。其炼铁工序、技术装备及选矿磁选机等达到国内先进水平。酒钢综合实力雄厚，年营业收入均超过千亿元。2015 年，分别位列中国企业 500 强第 109 位、中国制造企业 500 强第 41 位。连续多年入围全国 500 强最大工业企业和利税、科技百强企业，成为西部钢铁重要生产基地。

国家重点有色金属基地——白银公司

白银有色集团股份公司前身为白银有色金属公司，是新中国“一五”时期 156 个重点建设项目之一，是共和国第一座大型铜硫生产基地。1954 年建厂以来，经过 55 年的艰苦创业，已建设成为铜铅锌金银硫综合发展的大型企业集团。公司铜硫产量、产值、利税曾连续 18 年位居全国同行业之首，为中国有色、国防工业和甘肃经济社会发展做出了杰出贡献。50 多年来，累计生产铜、铝、铅、锌有色金属 550 多万吨，上缴利税过百亿元。目前，白银公司成功引进中国中信集团战略投资，正朝着做大做强、打造国际知名、国内一流企业的目标奋进。

敦煌10兆瓦光伏并网发电项目

2008 年 3 月，敦煌 10 兆瓦光伏并网发电项目被国家发改委列入《可再生能源“十一五”规划》。这个被称为中国首个光伏并网发电项目，在 2009 年 3 月进行的特许权招标中，中广核联合体以 1.0928 元 / 千瓦时的价格竞标成功。国家能源局同时还同意国投华靖电力控股股份有限公司再跟标 1 个 10 兆瓦项目。这两个项目成为中国启动国内光伏发电市场的标志性工程。2009 年 8 月 28 日，中广核敦煌 10 兆瓦光伏并网发电示范工程在敦煌市太阳能产业园区开工，中国第一个大型光伏并网发电站建设正式启动。同年 9 月 8 日，国投华靖 10 兆瓦光伏并网发电示范项目也开工建设。

酒泉卫星发射中心

酒泉卫星发射基地又称“东风航天城”，是中国科学卫星、技术试验卫星和运载火箭的发射试验基地之一。经过几十年来的建设，酒泉卫星发射中心建立起了一套比较完善的综合发射设施，拥有一支过硬的科技队伍。先后发射卫星 37 颗，创造了中国航天发射史上多个第一。1999 年 11 月 20 日，“神舟”号试验飞船从这里发射升空，拉开了中国载人航天工程的序幕。此后从“神州二号”到“神舟七号”系列飞船相继在此成功发射。

循环经济

2009 年 12 月，国务院正式批复了《甘肃省循环经济总体规划》，明确提出到 2015 年将甘肃省建设成为国家级循环经济示范区。规划实施 4 年多来，循环经济示范区建设取得了重要的阶段性成效。截至 2013 年底，规划中提出的 24 项主要指标，有 14 项达到年度发展目标要求，基本建立了循环型工业和农业体系，打造形成了 7 种特色发展模式，其中金昌模式、工业企业白银公司模式在全国进行推广。

从 2014 年起，甘肃在全省深入开展“457”循环经济推进行动，即加快构建“四位一体”体系，着力完善循环型农业体系、循环型工业体系、循环型服务业体系和循环型社会体系；扎实推进基地打造、园区改造、产业链构建、企业培育和项目建设等“五大载体”建设；示范推广区域发展金昌模式、工业企业白银公司模式、园区天水高新农业模式、张掖农业模式、节水型工农业复合定西模式、煤炭资源综合利用窑街煤电模式、城市餐厨垃圾资源再生利用兰州模式等七大特色模式。

安宁污水处理厂

省级循环经济试点市——金昌

金昌是一座资源型工矿城市，被誉为“祖国的镍都”。金昌历来重视资源综合利用和发展循环经济，经过50年的资源综合开发特别是建市28年来的发展，资源综合利用水平显著提高，市区环境质量逐步好转，经济发展质量不断提升。2006年金川公司被列为国家“十一五”循环经济示范企业。2007年金昌市被确定为甘肃省循环经济试点城市之一，2008年被列为全国首批7个新材料产业国家高技术产业基地之一，全省首次循环经济现场会在金昌召开。《甘肃省循环经济发展规划》已将金昌列为全省七大循环经济专业基地之一。金昌市被确定为国家新能源示范城市和甘肃省新能源电力就地消费试点城市，循环经济“金昌模式”入选国家区域循环经济典型案例。

服务业

2015 年甘肃省第三产业蓬勃发展。其中，交通运输业全年各种运输方式完成货物周转量 226.01 亿吨公里，旅客周转量 641.1 亿人公里。邮电通讯业按 2010 年价格计算，2015 年甘肃省全年完成邮电业务总量 363.61 亿元，比上年增长 31.02%。年末移动电话用户 2108.1 万户，本年增加 49.48 万户。其中，3G 移动电话用户 553.96 万户。固定电话普及率达

到 12.6 部 / 百人，减少 0.6 部 / 百人；移动电话普及率达 81.4 部 / 百人，增加 1.7 部 / 百人；年末固定互联网宽带接入用户数达 245.34 万户，比上年末增长 14.7%；互联网宽带接入端口 611 万个，增长 30%。旅游业全年接待国内游客 15632.9 万人次，比上年增长 23.5%；创收 974.5 亿元，增长 25.0%。

丹拉国道白银至兰州高速公路忠和立交

蔬菜、马铃薯、草食畜牧业、中药材、优质林果、制种和酿酒原料，是甘肃农业特色产业的六大支柱。其中，甘肃省五大蔬菜优势产区被国家农业部列入规划的西北内陆出口蔬菜重点生产区域。甘肃岷县被国家认定是全国当归之乡，陇西是全国黄芪之乡，渭源是全国党参之乡，西和是全国半夏之乡。

第五章

特色产业

- 马铃薯产业
- 制种和酿造原料产业
- 果蔬产业
- 中药材产业

甘肃省地域狭长，东西跨越千里，多样的生态和气候类型孕育了独具特色的特色产业。甘肃省制定规划引导特色优势产业向优势产区集中，形成了定西马铃薯、河西制种玉米、陇东优质苹果、中南部中药材、中东部及甘南牧区草畜等六大特色产业带。

马铃薯产业

甘肃省是全国马铃薯生产大省，其种植历史悠久，马铃薯生产在全省农业经济中占有相当重要的地位。随着商品农业的发展和马铃薯加工业的迅速崛起，马铃薯已由传统的粮食作物转变成为全省种植业中经济效益十分显著的经济作物，农民种植积极性空前高涨，马铃薯市场十分活跃。为进一步推动马铃薯产业化经营，甘肃省建立了以定西、白银、兰州、张掖、天水、陇南等市（州）为主产区的优势布局区域，同时扩大种植面积，加大科研投入，建立完善的良种繁育体系，现在已经基本形成生产、加工、销售一体化的马铃薯运营模式。2015 年，种植面积 1074 万亩，产鲜薯 1415 万吨，脱毒一级种薯推广面积 622.5 万亩，2015 年全省累计推广马铃薯脱毒种薯 950 多万亩。

定西马铃薯

得天独厚的地理环境和自然条件使定西成为中国乃至世界马铃薯最佳适种区之一。目前，定西已成为全国马铃薯三大主产区之一和全国最大的脱毒种薯繁育基地、全国重要的商品薯生产基地和薯制品加工基地。马铃薯的赖氨检含量较高，且易被人体吸收利用。脂肪含量为千分之一左右。矿物质比一般谷类粮食作物高一至二倍，含磷尤其丰富。在有机酸中，以含柠檬酸最多，苹果酸次之，其次有草酸、乳酸等。

定西万亩马铃薯种植基地

红提葡萄日光温室栽培

制种和酿造原料产业

河西走廊光热资源充足、昼夜温差大、灌溉便利、所产酿造原材料含糖量高，是中国啤酒大麦、啤酒花、酿造葡萄的最佳区域之一。特别是甘肃的大麦啤酒，自上世纪 80 年代开展啤酒大麦科研工作以来，大麦啤酒产业已得到了很大的发展，目前已成为全国最大的啤酒大麦省区。同时，甘肃省利用该地区自然条件优势，积极推进制种产业。张掖、武威和酒泉等地已发展为颇具规模的制种基地。来自甘肃省种子管理局的数据显示，2015 年，甘肃省杂交玉米的制种面积达 149 万亩，产种量为 5.3 亿公斤，面积和产量分别占全国玉米制种总面积和总产量的 43.5% 和 48.3%。甘肃是国内啤酒大麦和麦芽最大的调出省，占有国内麦芽市场 20% 左右的份额。

酒泉紫轩葡萄酒窖

啤酒花基地

甘肃是全国最大的玉米制种基地之一

全膜玉米长势喜人

果蔬产业

甘肃省发挥高原性气候干燥、凉爽、病虫害少等优势，发展特色蔬菜产业，建立了以省农科院、省经济作物推广站为主的科技创新研发推广体系，大力发展无公害蔬菜标准化生产，日光温室、塑料拱棚等设施，同时甘肃省引进筛选新品种，集成创新栽培技术，科学安排茬口，探索出膜下暗灌、高垄栽培、立体套种等30多项新技术、新工艺，具备了在全省任何地方发展蔬菜产业的成熟技术体系。2015年，甘肃省种植蔬菜面积达到760.35万亩，总产值约315亿元。目前，高原夏菜深加工企业248家，加工量150万吨，产值达21.8亿元。甘肃已成为全国重要的"高原夏菜"基地和西北地区重要的冬春淡季蔬菜生产供应中心。甘肃未来的发展目标是建设成我国黄土高原重要的冷凉型"高原夏菜"生产基地、西菜东调基地。

地膜种植

兰州百合

兰州百合是甘肃省的名优特产，色泽洁白如玉、肉质肥厚香甜。中国著名植物分类学专家孔宪武授评价："兰州百合味极甜美、纤维很少、又毫无苦味，不但文明全国，亦可称世界第一"。其品质闻名于天下，故有"兰州百合甲天下"美誉。百合是一种有较高营养保健价值的蔬菜，有极高的食用价值。"兰州百合"含糖量高，肉质细腻，还含有其它有益成分。

软儿梨

果实近圆形，立冬后成熟，其色黄中带绿，青中泛红，果皮较厚，果肉硬，味道酸涩。若藏至冬季，则会冻结成冰球，然后于温暖处化开，如是反复多次以后，口味则发生明显变化，俗称"出汗"，实际是经反复被冻与解冻后，软儿梨所含物质发生变化，口味由酸爽变得甜美可口，颜色也明显由黄色变为褐色。

兰州百合产业

金盏花种植

兰州市市花——苦水玫瑰

盛产于甘肃兰州市永登县苦水镇，是兰州市市花，历经200多年的栽培，形成了闻名遐迩的“苦水玫瑰”品牌，其特点是花繁汁多、清香纯正，苦水镇也因此享有“中国玫瑰第一乡”的美誉。其花朵主要用于食品及提炼香精玫瑰油，玫瑰油要比等重量黄金价值高，主要应用于化妆品、食品、精细化工等工业。随着经济社会的不断发展和苦水玫瑰的深层次开发，苦水玫瑰现已成为集观赏、油用、食用、药用、酿酒及香料等多种用途于一身的特色经济品种。

小链接

苦水玫瑰来由

在清朝道光年间，永登苦水李窑沟（现下新沟村）有个名叫王乃贤的秀才赴京赶考返回时从西安带回几株玫瑰，栽植在自家花园中观赏。由于极适宜当地的土壤和气候等环境，生长旺盛，枝多花繁、花香四溢、浓香袭人，深受人们的喜爱，想栽植的人越来越多，于是一传十，十传百，家家户户采用分株法竞相栽植，不过数年，各家房前屋后、庭堂院落，都栽满了玫瑰。后发展到地埂、渠畔，主要以观赏为主，进而又陆续扩展到周边地区。由于玫瑰在永登县最早是在苦水引种，又在以苦水为代表的地区内长期栽植，经过人们的不断选育，最终形成了地方品种，因而习惯上称其为“苦水玫瑰”。

白兰瓜

又叫“兰州蜜瓜”，是久负盛名的“瓜果之城”兰州著名的一种甜瓜，有近五十年的种植历史。这种瓜，外形美观，瓜糖盈口，清香扑鼻，驰名全国，在国际市场上享有一定的声誉。

小链接

白兰瓜故事

1934年，有个叫徐本仁的农民，得苏联甜瓜籽数粒，于1935年种得两株甜瓜，取名“俄国瓜”。他精心培育了九年，到1944年，美国副总统华莱士访华路过兰州，临行时把从美国带来的甜瓜籽留给当时的地方官员。其中有一种美国甜瓜籽和徐本仁种植的“俄国瓜”杂交，遂成此优良品种。

枸杞丰收

靖远枸杞

果形扁纺锤形或长扁卵形，果皮呈橘红色或红色，果皮薄而皱缩，籽小而少，味甘甜。枸杞养肝明目，令人长寿。

敦煌李广杏

果实外形规正，近圆形，果皮金黄色，光滑无毛，味甜多汁，果个匀称，最大果重45克，粘核，甜仁，富有独特香气，品质极上乘。

小链接

李广杏传说

相传西汉年间，飞将军李广率部西征，夏日炎炎，将士焦渴难忍。突然空中袭来一阵奇香，只见两匹彩绸自流云中飘下。李将军策马追去，拔出神箭射出，其中一匹彩绸应声落地，变成一片果实累累的杏林。众人争食，苦似黄莲。李广愤然砍平杏林，次日清晨，却见杏林又枝繁叶茂，鲜嫩欲滴的黄杏令人馋涎欲滴。李广忍不住摘下一个咬了一口，顿时香入肺腑，将士们纷纷摘杏食之，顿觉精神倍增。原来，那两匹彩绸本是甜杏仙子和苦杏仙子，奉王母之命来救李广的，她们只顾嬉戏，惹怒李广而射落了苦杏仙子。深夜甜杏仙子找到了苦杏仙子，施展仙法，在苦杏树桩上接上甜杏树枝，最后结出了清香甘甜的黄杏。当年曾为李广解危救困的甜杏，随着李广大军传入敦煌，所以敦煌人把它叫作“李广杏”。

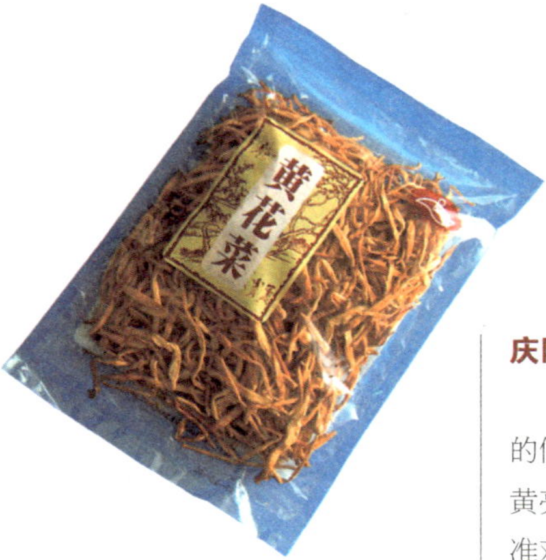

庆阳黄花菜

庆阳黄花菜产于甘肃省庆阳市，是全国闻名的优质土特产品。庆阳黄花菜干菜条长色鲜，色泽黄亮，久煮不散。2006年12月，国家质检总局批准对庆阳黄花菜实施地理标志产品保护。

民乐大蒜

大蒜是民乐的特产之一，栽培已有两千多年的历史，故有“大蒜之乡“的美称。民乐紫皮大蒜以个大、瓣肥、汁多、味辣、易剥皮而出名。旧时，因地处偏僻，贸易不畅，仅在洪水城郊种植，且种植数量不多，产品多为自食或馈赠亲友。清、民国时期，大蒜产量有所增加，年总产量数十万市斤，除自食外，部分产品还销往邻县。

武威人参果种植

临泽小枣

临泽地处河西走廊中部，肥沃的土壤，涓涓的祁连雪水和优越的自然环境孕育出了品质优良的临泽小枣。临泽所产红枣肉质细嫩，酥脆多汁，香甜味美，营养丰富，有健脾益气，养血安神、润肺止咳，调和诸药的作用，对高血压、动脉粥样硬化、冠心病等症有较好的疗效，还具有防癌抗癌，延年益寿之功效。临泽小枣自古以来享有盛名，是独具特色的地方名优特产品。

武都花椒

武都是中国花椒原产地之一，距今已有2000多年的栽培史。目前，该区花椒种植面积90.4万亩，花椒年产量1020万公斤，堪称“中国花椒第一县”。武都花椒品质优异，民间冠以“大红袍”之称。据李时珍《本草纲目》记载：“花椒坚齿、乌发、明目，久服，好颜色，耐老、增年、健神。”武都花椒远近闻名，畅销全国，武都也因此被称作“花椒之都”。

甘谷辣椒

甘谷是被称“辣椒之乡”，这里盛产的羊角辣椒，以其椒身长，皮质厚，色泽好，辣味浓，油分多而享有盛誉。辣椒营养丰富，含有辣椒碱、辣椒红素、蛋白质、胡萝卜素、脂肪油、龙葵甙、大量的维生素C，以及微量的挥发油。

花牛苹果

天水市地处北温带半湿润内陆气候区，种植果树有着得天独厚的自然条件。花牛苹果产地在天水二十里铺乡花牛寨村，该地生产供出口的红元帅就是花牛苹果。花牛苹果果型硕大端庄，果色嫣红鲜亮，底座五角分明，味道清香甜美，松脆可口，品质极上，享誉海外。

环县羊肉

环县草场广阔，生长着地椒、甘草、麻黄等100多种优质牧草和中药材。这里水质苦咸，盐碱化普遍，矿物质含量丰富，无污染。由于环县羊羔日食药草，夜饮矿泉，使得其肉质优良，味美爽口，肥而不腻，色泽鲜红，鲜美不膻，深受欢迎。

中药材产业

甘肃是全国药材主要产区之一。现有药材品种9500多种（包括野生），居全国第二位。目前经营的主要药材有450种，如当归、大黄、党参、甘草、红芪、黄芪、红花、贝母、天麻、杜仲、灵芝、羌活、冬虫草等，特别是“岷当”、“纹党”产量大、质量好，是闻名中外的出口药材。

2015年，全省中药材种植面积达到388万亩，产量99万吨，均居全国第一。其中，当归、党参、黄芪等优势大宗中药材种植面积都超过50万亩，分别占全国同类品种产量的90%、60%和50%以上。

中药材规范化生产示范基地

定西中药产品

千年药乡·定西

定西自古就以“千年药乡”著称，是中国地道、优势地产中药材的重要主产区之一。据《汉代医简》《居延汉简》《敦煌汉简》和《名医别录》等文献记载，岷县所产当归入药已有1700多年历史，世称“岷归”，在中药配方中有“十药九归”、“十方九用”之说，素有“岷归甲中华”和“中国妇科人参”之美誉。陇西等地生产的黄芪，以其根条粗大、质坚而绵、粉性足、药用成份含量高而成为芪中精品，梁代大药学家陶弘景《本草经集注》载:“黄芪第一出陇西”。被誉为“党参故里”的渭源县，所产白条党参，因品质优良而闻名远近。

当　归

岷县当归已有1400多年历史。当归是伞形科多年生草本植物。根肥大，叶为数回羽状复叶，夏季开白色花，复伞形花序，果实长椭圆形，侧棱有广翅。中医学上以根入药。其主根呈圆柱形或圆锥形，尾端渐细；表皮棕褐色或黄褐色，主根上端有不甚明显的环形皱纹；横断面是白色或淡黄棕色，有线状纹理，习称“菊花心”，中心有的有白色髓心；体质坚硬，吸潮后软韧。岷县产药材300多种，尤以“岷当”驰名中外，有“千年药乡”之称。

黄芪

黄芪是陇西县著名特产之一，其生长气候高寒阴湿，土地肥沃疏松，具有黄芪生长独特优越的地理条件。黄芪由陇西栽培，历史悠久，独享其名。其性微温，味甘，属无污染产品，馈赠亲朋之珍品。陇西盛产100多种中药材，素有“千年药乡”之称，所产党参、黄芪、柴胡、板蓝根等药材质优量大，深受国内外客商青睐，享有“西北药都”、“中国黄芪之乡”等盛誉，已成为西北地产中药材生产、销售、种苗繁育和信息服务中心。

党参

党参是渭源县的特产，当地因海拔高、气温适宜，且昼夜温差大，没有污染等因素，所产的药材品质优良、营养，药用价值极高而久负盛名。党参自古就有记载，曾在《本草从新》中就有提及过其具有“补中益气、和脾胃、除烦渴。中气微弱，用以调补，甚为平妥。”的功效。如今，人们用党参调理气虚，更将党参适用于脾肺虚弱、气短心悸、气短心悸和内热消渴等症状。

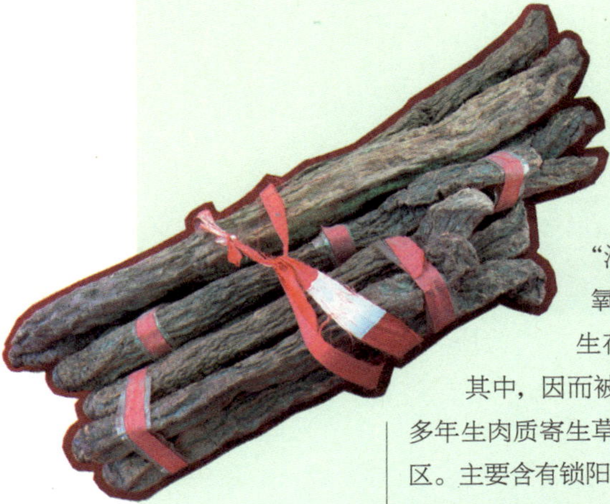

锁 阳

锁阳是瓜州县著名特产，生长在大西北戈壁荒漠之中，被称为“沙漠人参不老药”，其生长环境高寒缺氧，气候条件极其恶劣，其它生物难以生存，锁阳却以极其强的生命力，存活其中，因而被誉为“沙漠之星”。锁阳又名不老草，多年生肉质寄生草本植物，无叶绿素，生于干燥多沙地区。主要含有锁阳萜、花色苷、谷甾醇熊果酸，胡萝卜素及锌、锰、铜等多种微量元素，能增加血清糖皮质激素的浓度，有兴奋神经，增强体液免疫功能的作用。俗语称“三九三的锁阳赛人参”，说明其在强身健体等方面具有神奇的功效。

甘 草

武威民勤、古浪等县出产的甘草，以质量优异而闻名全国。这些地区靠近沙漠，最适宜甘草生长，所以品质最佳，甘草是一种多年生草本豆科植物，药用的是它的根，含有甘草甜素及少量蔗糖、葡萄糖，用作祛痰药、缓泻药、矫味药，有清热、解毒等功效，为中药处方中应用最普遍的药材。甘草味甘甜，能配伍调和诸药，有“十方九草”之说，用途广泛。武威及河西的甘草，特点是根粗而长，外皮枣红色有光泽，内部呈鹅黄色，含糖分及粉质多，饱满充实，药效显著，是甘草中的上品，不但畅销国内，还出口到欧洲等地。

甘肃实施创新驱动发展战略，创新机制不断完善，科技支撑引领经济社会发展能力将持续增强。甘肃科技进步水平居全国第十七位，兰州大学、中国科学院兰州分院等高等院校、科研院所，拥有与卫星发射、青藏铁路建设等高科技领域相关的世界先进科研成果和重离子加速器等重大装备及众多国家级实验室。甘肃将继续落实教育优先发展战略，加大职业教育、继续教育、终身教育的力度。

第六章

教育科技

- 职业教育
- 知名高校
- 科技概况

百年大业，教育为本。甘肃省各级政府坚持把教育摆在优先发展的战略地位，加大财政教育支出，支持实施全省中小学校舍安全工程、农村幼儿园建设工程、农村薄弱学校改造计划及营养改善计划等重大教育惠民工程。同时，大力支持高校内涵发展，不断加大高校实验室建设、公共服务体系改善等投入，设立高校基本科研业务费；创立各类奖助学金，启动实施助学工程，构建良性循环的扶困助学机制，从而推动“科教兴省”战略。

明清两朝多进士

史料记载，在1300多年的科举考试中，兰州的学子考中举人、进士进而走入仕途者，“十之八九”都集中在明

小链接

进 士

中国古代科举制度中，通过最后一级中央政府朝廷考试者，称为进士。

翰 林

翰林是我国古代官名，它的由来可追溯到唐朝。唐玄宗时，从文学侍从中选拔优秀人才，充任翰林学士，专掌内命由黄帝直接发出的极端机密的文件。

举 人

中国古代地方科举考试中试者之称。举人是参加全省范围的科举考试及格后所取得的成绩。

解 元

科举制度中乡试第一名。

清两朝。兰州市城关区文史资料委员会编辑、地方史和民俗学研究者柏敬塘先生考证，兰州学子从明洪武丁卯科到清光绪甲辰科的517年间，共考中进士77名（其中翰林8名），举人361名（其中解元5名）。

职业教育

甘肃省正在推进职业院校分类招考或注册入学，试行中职生注册入学和中职免试升高职，逐步完善“2+2+1”中高职一体化培养模式试点以及“三校生”招生办法，并开展中高职“五年一贯制”招生。其中，“2+2+1”试点改革学校原则上为省内所有高职学校和中职学校，“五年一贯制”试点改革学校原则上为包括国家示范性高职院校在内的10所学校和国家示范性中职学校、重点中职学校。实施技能优秀中职毕业生免试升学政策，凡参加国家技能大赛和获得省级技能大赛三等奖以上的中职毕业生，可免试保送就读甘肃省高职院校相关或相近专业。

百年兰州大学

甘肃最早的中学

兰州一中是甘肃省创设最早的中学，前身是创办于1902年（清光绪二十八年）的“甘肃省高等学堂”，1912年改名为“甘肃省立第一中学”，后几度易名，1952年学校正式定名为“甘肃省兰州第一中学”。

知名高校

兰州大学

教育部直属的全国重点大学，中国高层次人才培养和科学技术研究的重要基地，名列国家“985工程”、“211工程”重点建设高校，是国家32所副部级重点建设高校之一，获学士、硕士、博士学位授予权，建博士后流动站，设文理科国家基础科学研究与教学人才培养基地，入国家大学生创新性实验计划，均在首批。学科门类齐全，学科特色鲜明，涵盖了12个学科门类。现有8个国家重点学科，2个国家重点学科培育学科，27个省级重点学科。

西北师范大学

前身是国立北平师范大学，是甘肃省人民政府和教育部共同建设的全国重点大学、中西部高校基础能力建设工程重点建设高校、国家重点支持西部地区的十四所大学之一。目前，学校设有27个二级学院、73个本科专业、1个独立学院、3个孔子学院，省级以上科研机构26个。

兰州理工大学

教育部“卓越工程师教育培养计划”和“国家大学生创新型实验计划”高校，是国家“高等学校创新能力提升计划”（2011计划）——镍钴金属新材料协同创新中心”牵头高校，国家“中西部高等教育振兴计划”（小211工程）重点建设高校。是“上海合作组织大学”大学成员之一，也是“一带一路”高校战略联盟之一。现有2个国家级教学团队、2个国家级实验教学示范中心，9个省级实验教学示范中心，2个省级人才培养基地，68个本科专业。

小链接

“一带一路”

“一带一路”是“丝绸之路经济带和21世纪海上丝绸之路”的简称。英文名称是：The Silk Road Economic Belt and the 21st-Century Maritime Silk Road，简称译为："The Belt and Road"。

兰州交通大学

中央部委投资省部共建重点大学，全国毕业生就业典型经验高校，铁道部继续教育基地，是中国人民解放军空军后备军官选拔培养院校之一。学校学科特色鲜明，学科门类齐全，涵盖了工、理、经、管、文、农、法等7大学科门类。现有62个本科专业，4个博士后科研流动站，5个博士学位授权一级学科，34个二级博士学位点，23个硕士学位授权一级学科，105个硕士学位授权点。

西北民族大学

中央部属高校，直属国家民族事务委员会，新中国成立后创建的第一所民族高等院校。设有67个本科专业、13个一级学科硕士点、55个二级学科硕士点、4个专业学位硕士点、3个博士点和1个博士后科研流动站，涵盖12个学科门类。

科技概况

甘肃科技人才济济，科研实力雄厚，技术体系完备，科技创新硕果累累，科技发展潜力巨大。甘肃的科技创新实力在全国乃至世界上都产生了较大影响。

以酒泉卫星发射中心和510研究所为代表的甘肃航空航天界，为“神舟”系列航天飞船遨游太空发挥了重要作用。在核技术应用领域，中核集团404、504厂是国家设在甘肃的建设最早、规模最大、体系最完整的核工业生产科研基地，为中国“两弹一艇”的研制与核科技、核电事业的发展做出了历史性的贡献。在重离子物理研究领域，甘肃拥有国内惟一一台、世界屈指可数的重离子加速器装置，建立了“甘肃重离子束治疗肿瘤临床研究基地”和“甘肃省重离子束辐射医学应用基础重点实验室”，近年先后进行了10批次、111例重离子癌症临床实验，取得了很好的疗效，使中国成为世界上第四个实现重离子治癌临床实验研究的国家。

除此之外，甘肃在冰川冻土、荒漠化防治、高原气象、草业科学、节水农业、生物制药等领域的科技创新，在全国乃至世界范围内都占有重要地位。甘肃现已建成4个国家及省部级高新技术产业开发园区，3个国家和省部级科技园区。

兰州重离子加速器

兰州重离子加速器是中科院近物所负责建设的国家级重大科学装置。1988 年建成兰州重离子加速器，1992 年成立兰州重离子加速器国家实验室。自建成以来，在世界上首次合成 25 种新核素。2007 年建成的兰州重离子加速器冷却储存环，是中国自主设计建造的规模最大、能量最高、实现全离子加速的重离子加速器冷却储存环系统，与德国重离子研究中心的重离子冷却储存环同属于世界级的大型核物理实验装置。这里先后开展了重离子治癌临床试验 8 批次，治疗肿瘤患者 103 例，使中国成为继美国、日本、德国之后第四个实现重离子治癌临床试验研究的国家。2015 年 5 月中旬，依托兰州重离子研究装置提供的中能碳离子束，成功完成 18 批 213 例肿瘤患者的临床前期试验研究，使我国成为国际上第 4 个实现重离子束治癌的国家。在此基础上，还研发了我国具有完全自主知识产权的医用重离子加速器装置。2016 年 4 月底，兰州重离子加速器为我国“实践十号”卫星完成了探测器的标定任务。

兰州重离子加速器冷却存储环

小链接

秦大河

地理学家。1970 年毕业于兰州大学地质地理系自然地理专业，1992 年获理学博士学位。2004 年当选为第三世界科学院院士。曾任中国气象局局长、中国科学院冰冻圈与环境联合重点实验室主任、国家气候委员会主任。曾任中国科学院兰州冰川冻土研究所副所长、中国科学院资源环境科学与技术局局长。2003 年当选为中国科学院院士。2013 年获得环境与可持续发展领域的“诺贝尔奖”——沃尔沃环境奖，此奖项为世界范围内最具影响力的环境科学年度奖项之一。

兰州生物制品研究所

兰州生物制品研究所始建于 1934 年，2002 年隶属于中国生物技术集团公司，主要从事疫苗、菌苗、人体外诊断试剂、血液制剂等产品的研发和生产经营，是西北地区惟一一家生物高技术企业。该所是国家科技部“863”计划产业化基地，国家认定企业技术中心。企业总资产 14.83 亿多元。2008 年，销售收入 8.17 亿元，利润 3.74 亿元，列甘肃省工业企业第 8 位。连续六年入选“甘肃工业百强”前 50 位。其自主研发成功的“口服轮状病毒活疫苗”达到了年产 200 万人份的规模，该产品 2008 年销售收入达到 2.48 亿元。近十年该所累计获得省部级以上科技成果近 100 项。2009 年获全国“五一劳动奖状”。

甘肃，承担着建设国家生态安全屏障综合试验区的使命和责任。勤劳智慧的甘肃人民继往开来，艰辛努力，从引大入秦到疏勒河、黑河、石羊河流域综合治理。从引洮供水到黄河上游湿地保护，种草植树。从推进产业结构调整到水资源节约集约和合理利用，改善人居环境。以黄河、长江上游和河西内陆河流域为主体的生态屏障和生态建设布局初步形成，走出了一条内陆欠发达地区转型跨越发展与生态文明建设相融合的新路子。

第七章

生态文明

- 国家生态安全屏障试验区
- 五大规划区域
- 重点工程

国家生态安全屏障试验区

甘肃在自然地理、经济社会、历史文化、民族宗教等诸多方面都是一个特殊的省份。是一个历史悠久，但社会化程度低，人口相对较少，民族成份众多，资源比较丰富，生态环境脆弱，发展相对滞后的欠发达省份。在这样一个省份，尤其在生态环境问题对经济社会发展约束大的老工业基地省，要实现经济社会的跨越式发展，必须走以工业化、城镇化建设为龙头，以生态文明建设为基础，解放社会生产力和保护自然生产力相结合的路子。

同时，甘肃地跨长江、黄河、内陆河三大流域，是黄河、长江上游的重要水源补给区，是腾格里沙漠、巴丹吉林沙漠南移和库姆塔格沙漠东进的阻挡区。甘肃就像一面挡风墙，为身后的祖国大好河山“遮风挡雨”。

2014 年 2 月《甘肃省加快转型发展建设国家生态安全屏障综合试验区总体方案》（以下简称《方案》）经国务院同意后，由国家发

永靖黄河石林

展改革委正式印发。方案提出用八年时间分两阶段推进实施总体方案，努力构筑黄河上游、长江上游、河西内陆河和黄土高原四大生态安全屏障，力争到2020年全省各类生态系统得到有效保护、森林覆盖率达到12.58%以上。

玛曲湿地保护区

玛曲湿地保护区总面积562.5万亩，是青藏高原湿地面积较大、特征明显、最原始、最具代表性的高寒沼泽湿地。它也是世界上保存最完整的湿地之一，被誉为“黄河之肾”。玛曲湿地是名副其实的“高原水塔”、“黄河蓄水池”。

草原哈达

五大规划区域

河西内陆河地区
——以水源涵养、湿地保护、荒漠化防治为重点

该区域包括疏勒河、黑河、石羊河流域及哈尔腾苏干湖水系，涉及酒泉、嘉峪关、张掖（含中牧山丹军马场）、金昌、武威等五市，区域总面积24.6万平方公里，人口约482万，是中国"两屏三带"青藏高原生态屏障和北方防沙带的关键区域，也是西北草原荒漠化防治区的核心区。以水源涵养、湿地保护、荒漠化防治为重点，加快节水型社会建设，实施祁连山生态保护与三大流域生态综合治理，加强北部防风固沙林体系建设，着力构建河西祁连山内陆河生态安全屏障，建设绿洲节水高效农业示范区、新能源基地和新材料产业基地。

安宁湿地公园

县城面山绿化工程

小链接

“两横三纵”

“两横三纵”是指以陆桥通道、沿长江通道为两条横轴，以沿海、京哈京广、包昆通道为三条纵轴的全国城市化战略格局。

中部沿黄河地区
——以水土流失防治和流域综合治理为重点

该区域是黄河干流在甘肃境内的主要流经区域，包括兰州市、白银市的大部分县区及临夏州永靖县，面积3.51万平方公里，人口约552万，是全国“两横三纵”城市化战略格局路桥通道的重要支点，也是全省产业和人口聚集度最高的核心经济区。以水土流失防治和流域综合治理为重点，建设沿黄河生态走廊，加强水资源保护和大气污染防治，建设国家重要的产业基地和能源资源加工基地、西北交通枢纽和商贸物流中心。

甘南高原地区
——以水源涵养、草原治理、河湖和湿地保护为重点

该区域地处青藏高原与黄土高原过渡地带，包括甘南、临夏两州大部分县市，区域面积 3.52 万平方公里，人口约 229 万，是中国青藏高原东端最大的高原湿地和黄河上游重要水源补给区。以水源涵养、草原治理、河湖和湿地保护为重点，

永靖太极岛

优先保护草原、森林和湿地生态系统，构建黄河上游生态安全屏障。建设草原畜牧业可持续发展示范区，加快转变农牧业生产方式，推动生态建设与扶贫开发攻坚相结合，发展与区域资源环境承载力相适应的民族特色产业。

陇东陇中黄土高原地区——以水土保持和流域综合治理为重点

该区域位于泾河、渭河上游，是中国黄土高原丘陵沟壑水土保持生态功能区极具代表性的地区，包括庆阳、平凉、定西三市及白银市会宁县，面积5.78万平方公里，人口约700万。以水土保持和流域综合治理为重点，加强森林资源保护，巩固和发展退耕还林成果，加强坡耕地改造，促进黄土高原生态屏障建设。推广旱地节水农业技术，加快建设国家重要的能源化工基地，推动革命老区和集中连片特困地区扶贫开发，促进城乡协调发展。

会宁梯田

康县阳坝风光

南部秦巴山地区
——以保护生物多样性、涵养水源为重点

该区域地处长江上游的甘肃“两江一水”地区，包括陇南、天水两市及甘南州部分县，面积4.98万平方公里，人口约602万，是中国秦巴山生物多样性生态功能区的重要组成部分，也是全省最大的天然林区和长江上游水源涵养区。以保护生物多样性、涵养水源为重点，加强水土保持和山洪地质灾害综合防治，优先保护森林、河湖、湿地等生态系统，构建长江上游生态安全屏障。加快实施秦巴山片区区域发展与扶贫攻坚规划。集约发展先进装备制造业，发展壮大生态文化旅游、特色种植及加工等优势产业。

重点工程

“三屏四区”重点生态功能区

“三屏”是指以甘南黄河重要水源补给生态功能区为主的黄河上游生态屏障、以“两江一水”（白龙江、白水江、西汉水）流域水土保持与生物多样性生态功能区为主的长江上游生态屏障、以祁连山冰川与水源涵养生态功能区为主的河西内陆河上游生态屏障；“四区”是指石羊河下游生态保护治理区、敦煌生态环境和文化遗产保护区、陇东黄土高原丘陵沟壑水土保持生态功能区、肃北北部荒漠生态保护区。涉及 37 个县市区，面积 26.76 万平方公里，约占全省总面积的 62.84%。该区以修复生态、保护环境、提供生态产品供给为主要任务，增强提供水源涵养、水土保持、防风固沙、维护生物多样性等生态产品的能力，引导生态脆弱地区人口有序转移。

宕昌大河坝国家森林公园

长江上游"两江一水"流域水土保持与生物多样性生态功能区

长江上游"两江一水"是指白龙江、白水江、西汉水流域，是中国秦巴生物多样性生态功能区的重要组成部分，也是长江上游的重要水源涵养区。主要包括陇南市武都区、文县、康县、宕昌县、两当县，甘南藏族自治州的迭部县、舟曲县。该地区天然植被较好，是甘肃省最大的原始林区。流域内林地8838平方公里，天然草地1653平方公里，森林覆盖率为40%-57%，是甘肃省最大的天然林区和长江上游重要的水源涵养林区，为中国长江上游的重要生态屏障和重要的生物基因库。

舟曲拉尕神海

祁连山冰川与水源涵养生态功能区

祁连山位于青藏高原东北部边缘甘肃省与青海省交界处，东西向绵延约1000公里，宽约200至400公里，平均海拔在3000米以上。处于河川水系之间，具有调节气候、增加降水、涵养水源、保持水土的作用。高原冰川面积约1970平方公里，储存的水量是三峡水库蓄水量的两倍多。降水和冰雪融水产生的地表径流每年为石羊河、黑河、疏勒河、苏干湖四个内陆河水系，提供约75亿立方米的径流量，是甘肃河西走廊、内蒙古自治区西部等绿洲的水源基础，为中国重要冰川、湿地保护地和河西内陆河流域的重要生态屏障。

石羊河下游生态保护治理区

地处民勤县的石羊河下游生态保护治理区是国家重点生态治理区，面积15835.15平方公里，约占全省国土面积的3.72%。该地区属温带大陆性干旱气候，东西北三面被腾格里和巴丹吉林两大沙漠包围，降水稀少，日照充足，风沙多，以荒漠植被为主，大部分土地不适宜开发，是国家重要的生态修复和治理区，防沙治沙综合示范区。

天境祁连

陇东黄土高原丘陵沟壑水土保持生态功能区

陇东地区是中国黄土高原丘陵沟壑水土保持生态功能区极具代表性的地区之一。该功能区主要包括庆阳市的庆城县、镇原县、环县、华池县，平凉市的庄浪县、静宁县，白银市的会宁县，定西市的通渭县，天水市的张家川县。该地区属温带半湿润半干旱气候，降雨偏少，植被稀疏，加之降雨集中，黄土土质疏松，强烈的土地侵蚀造成了丘陵沟壑密布的地形，水土流失现象极为严重。是国家黄土高原丘陵沟壑水土保持和重要的生态功能区。

“121”雨水集流工程

“121”雨水集流工程，即每户建100平方米左右的集流场、建两眼水窖、发展一处以上庭院经济。这项工程是甘肃省为解决既无地表水、又无地下水的中东部干旱地区用水困难而创造性提出的工程计划。该工程于1995年实施，目前，已成为全省缺水农村解决人畜饮水的主要模式，也是干旱山区水利建设史上的一大创举。

引大入秦工程

引大入秦工程是将发源于青海木里山的大通河水跨流域调至甘肃秦王川地区的大型自流灌溉工程。工程总投资 29.36 亿元，跨越甘青两省 4 市 6 县，干支渠长达 1000 多公里，引水流量每秒 32 立方米，年引水量 4.43 亿立方米。主体工程于 1995 年 10 月建成通水，灌溉面积 73.47 万亩，安置贫困山区移民 5.6 万人。该工程是新中国成立以来甘肃省最大的跨流域调水工程，被列入国家"八五"、"九五"重点建设项目，是改革开放以来甘肃省第一个国际招标项目，是世界银行援建项目的样板工程，堪称"西部之最"，被誉为"现代都江堰"。

引大入秦庄浪河渡槽

经过六十多年的建设、特别是改革开放三十多年的不懈奋斗，甘肃经济社会呈现勃勃生机，城乡面貌焕然一新，文化艺术繁荣昌盛，人民生活显著改善，活力后劲明显增强。“1236”行动助推甘肃省新一轮扶贫攻坚行动和“1+17”精准扶贫精准脱贫的政策行动，加快脱贫致富步伐，推进了全面建设小康社会进程。

第八章

社会事业

- 人民生活
- 1236 扶贫攻坚行动
- 新农村建设
- 体育运动
- 劳动就业与社会保障
- 甘肃独具特色的精准扶贫

人民生活

甘肃省政府扎实推进重点文化惠民工程，博物馆、图书馆、文化馆、美术馆和乡镇综合文化站全部向社会免费开放。医药卫生体制改革深入推进，基本药物零差率覆盖所有政府办基层医疗卫生机构，并扩大到60%以上的县级医疗卫生机构。启动大病保险试点工作。妇幼保健、疾病防控、中医药等卫生事业取得新成效。

建成100个乡镇、社区体育健身中心和7个县（市）全民健身场馆，全民健身活动广泛开展，竞技体育水平得到提升。国防动员和“双拥”工作得到加强。妇女儿童事业不断发展。气象、水文、地质灾害监测预报服务水平得到提升。社会科学、统计调查、参事、档案、人防、测绘、文史、地方志、残疾人、老龄、红十字、慈善等事业取得新进步。各民族共同团结奋斗、共同繁荣发展示范区建设深入推进，民族地区发展步伐加快，民族和睦，宗教和顺。

皋兰太平鼓成为展示兰州甘肃对外形象的一张“大名片”

平洛镇孙家坝村

1236 扶贫攻坚行动

改革开放初期，甘肃省贫困人口高达 1254 万。近年来，通过整村推进、连片开发等扶贫模式，全省基本消除了绝对贫困。2011 年，按照国家新扶贫标准，甘肃贫困人口为 722 万人。2013 年，全年减少贫困人口 140 万人。同年 9 月 17 日，甘肃省委、甘肃省人民政府下发《关于深入实施“1236”扶贫攻坚行动的意见》，正式启动“1236”(“一个核心”“两不愁、三保障”全力实现“六大突破”)，即以农民增收为核心；确保不愁吃、不愁穿，保障贫困群众的义务教育、基本医疗和住房；在基础设施建设、富民产业培育、易地扶贫搬迁、金融资金支撑、公共服务保障、能力素质提升方面实现突破，着力推进扶贫攻坚，全面建设小康社会。

宕昌县南河乡路固村文化广场一角

甘肃“乡村舞台”建设

2013 年甘肃省启动“乡村舞台”建设项目，引导和鼓励群众创建民间自办文化社团，利用节会、集市和农闲时节，组织开展文艺展演、电影放映、全民阅读等，激发农民群众求知、求美、求乐的热情，实现文化建设从“输血”到“造血”的转变。计划到 2018 年 6 月底，累计组建 16023 个村级民间自办文化社团，实现全省每个行政村都有一个相对稳定、十人左右的民间自办文化社团，形成综合性文化服务中心。

礼县文家村

新农村建设

甘肃省以“试点示范、以点带面、探索路子、整体推进”，2006 年至 2009 年，在金昌、嘉峪关 2 个市和 12 个县的 100 个村进行了首轮试点。从 2009 年开始，又用 4 年时间选择 11 个不同区域、不同类型的县进行了新一轮试点。两轮试点、七年实践，试点县、试点村的面貌发生了巨大变化，对全省新农村建设也起到了助推作用。

11 个县支柱产业产值占农业总产值的比重达到 71.1%，农产品加工率达到 21.2%，龙头企业增加了 70%，GDP、农业增加值接近翻番，财政收入增长接近两倍。农民人均纯收入年均增幅都达到 15% 以上，超出全省平均水平。住房条件明显改善，多数县的农户砖混砖木结构住房比例达到 80% 以上。新农保覆盖率达到 91.3%，新农合参合率达到 97.7%，新农合住院费用报销比例超过 60%。农户基本都用上电视机、电话（手机），喝上了安全水，有些还用上了沼气、太阳能、卫生厕所。通行政村道路硬化率、村内道路硬化率分别达到 66%、56%。

西和县董庵村

体育运动

丝绸之路体育健身长廊

甘肃地域辽阔，自然和人文资源丰富，既有延绵的沙漠，又有广袤的草原和蜿蜒的河流，为举办各种类型体育赛事提供了良好的条件。2006 年甘肃启动了丝绸之路体育健身长廊建设，2013 年中国提出共建“丝绸之路经济带”和国家批准甘肃建设“华夏文明传承创新区”，这两个经济、文化战略平台为甘肃丝绸之路体育健身长廊创新发展提供了千载难逢的机遇。2014 年，甘肃群众体育工作的基本思路就是“一带一区一长廊”，推进“长廊”与“一带一区”深度融合。

在 2015 年中国体育文化、体育游览会上，甘肃省嘉峪关悬壁长城冰雪文化体育产业园、民乐祁连山扁都口生态体育旅游景区、张掖丹霞国家地质公园等 5 个项目入选精品景区；张掖丹霞徒步线路等 3 个项目入选精品线路；中国 · 张掖祁

香巴拉旅游节

连山国际超百公里户外挑战赛、张掖·中国汽车拉力锦标赛、嘉峪关铁人三项挑战赛、兰州国际马拉松赛等赛事入选6个项目精品赛事。同时，嘉峪关悬壁长城冰雪文化体育产业园、张掖丹霞徒步线路、中国·张掖祁连山国际超百公里户外挑战赛，分别获得精品景区、线路、赛事全国十佳称号。体育文化展区内，10个参赛作品中6个获得推介。甘肃省体育局获得优秀组织单位。

亚洲铁人三项锦标赛

体育品牌赛事

仅2013年，甘肃省紧紧围绕创建华夏文明传承创新区，全年共举办各类体育品牌赛事41项，较2012年增加了11项。先后成功举办了嘉峪关国际铁人三项赛、瓜州玄奘之路戈壁挑战赛等6项国际性体育品牌赛；敦煌全国沙滩排球锦标赛、漳县全国攀岩锦标赛等12项全国性体育品牌赛；兰州元旦万人环城赛、全省锅庄舞赛等23项全省性体育品牌赛事。

11项体育品牌赛事

瓜州“玄奘之路”戈壁挑战赛、玛曲格萨尔赛马大会、金昌丝绸之路国际青少年生存训练营、丝绸之路汽车越野拉力赛、永靖中华龙舟大赛、平凉崆峒山问道养生大会、民乐全国群众健身登山大会、兰州元旦黄河冬泳、张掖沙漠露营大会、天水伏羲武术大会、阿克塞赛马大会。

小链接

玄奘之路

公元七世纪，一个大唐的僧人踏上了丝绸之路，他要前往遥远的西方，寻求佛法。大漠雪山，他命悬一线，城堡森林，他九死一生，怀着坚定的信念，他终于抵达心中的圣地。十九年时间，一百一十个国家，五万里行程，在异国的土地上，他被奉为先知，在佛陀的故乡，他成为智慧的化身。因为他的缘故，大唐的声誉远播万里，就连他脚上的麻鞋，也被信徒供为圣物。然而他放弃了一切荣耀，依然返回故土。他翻译的佛经，达到了四十七部，一千三百三十五卷，这是一个前无古人，后无来者的成就。他离世的时候，大唐的皇帝悲痛不已，百万人哭送。

小链接

“十三五规划”

中华人民共和国国民经济和社会发展第十三个五年规划纲要，简称“十三五”规划（2016年~2020年），主要阐明国家战略意图，明确政府工作重点，引导市场主体行为，是2016-2020年中国经济社会发展的宏伟蓝图。

每年兴建30至50个笼式足球场

甘肃将把兴建足球场纳入城镇化和新农村建设总体规划，由各级政府组织实施，因地制宜建设足球场。确保每年在社区建成30至50个笼式足球场，并将此次足球改革精神落实到甘肃省体育事业“十三五”规划中。

甘肃省212所省级校园足球特色学校确定

教育部提出，到2017年在全国范围内遴选建设约2万所校园足球特色学校和约30个校园足球试点县区。教育部要求，义务教育阶段的足球特色学校，要把足球作为体育课的必修内容；高中阶段的足球特色学校，要开放足球选修课。甘肃省教育厅遴选出的212所足球特色学校中，包括小学、初中和高中。

劳动就业与社会保障

劳动就业

2015年是甘肃省连续第7年实施1万名高校毕业生就业工程。其中，基层事业岗位4900名、基层企业岗位5100名。2015年城乡就业人员共有1535.69万人，其中城镇就业人员567.46万人，城镇新增就业人员43.7万人。输转城乡富余劳动力540万人，创劳务收入709亿元。全省技工院校和中等职业学校共组织开展“两后生”（即初、高中毕业未能继续升学的贫困家庭中的富余劳动力）职业技能学历教育培训19.6万人。

嘉峪关城市风光

景泰提灌工程

社会保障

2015年甘肃省城乡低保标准分别提高10%和11%。农村五保供养省级补助标准提高40%，企业退休人员基本养老金月人均发放标准提高10%，失业保险金发放标准平均提高20%，工伤人员伤残津贴月人均提高14%，惠及98万人。新农合和城镇居民医保政府补助标准均提高16.7%，政策范围内报销比例达到70%以上，新农合“一卡通”覆盖全部农村人口。重特大疾病救助病种扩大到50种，实现救助城乡困难群众全覆盖。建成城乡日间照料中心1419个，新增床位1.34万张。建成保障性住房、棚户区改造住房8.88万套，全省实施棚户区改造11.62万户。甘肃省严格落实安全生产责任，生产安全事故起数和死亡人数下降7.1%和4.9%。

甘肃独具特色的精准扶贫

2015年，甘肃省扎实推进精准扶贫、精准脱贫，预计全年实现减贫100万人以上。特别是在金融支持方面，甘肃省启动实施总规模达400亿元的精准扶贫专项贷款工程，为有劳动能力、有贷款意愿和一定还款能力的贫困户提供免抵押、免担保、5万元以下、3年以内的小额信贷支持。截至2015年11月30日，全省累计发放精准扶贫专项贷款174.2亿元，惠及38.4万户、165.1万贫困人口。

甘肃省紧紧围绕全省6220个贫困村、101万贫困户、417万贫困人口，着力在找准贫困人口、分析致贫原因和掌握脱贫需求上出实招、下功夫。2015年共解决了180.56万农村居民和26.08万学校师生饮水安全问题，农村自来水普及率目前达80%；完成建制村通畅工程11025公里，全省82%的建制村通了沥青路；争取国家农村危房改造计划21.8万户，是年度目标14万户的1.56倍；安排易地扶贫搬迁3.5万户17.1万人，超出年度目标任务0.4万人。公共服务水平进一步提升，开工建设2400所贫困村标准化卫生室、939所行政村幼儿园，从2015年秋季开始，甘肃省还对贫困家庭子女学前教育免除保教费、中职教育免除学费并发放助学金等。农村低保一类补助标准提高到每人每年3300元，二类补助标准提高到每人每年2808元，共使136.9万人实现了“政策性脱贫”。去年，甘肃省被列为全国精准扶贫大数据管理平台建设试点省份。

城乡公路四通八达

甘肃搭乘“一带一路”建设的快车，加快了对外开放的步伐，在中西亚、中东欧设立了境外投资企业，设立了商务代表处，建立了跨境电子商务平台，开展了系列贸易交流活动，对列为国家重点项目进行投资。今后，甘肃将继续加强企业“走出去”步伐、推进多层次多领域的合作交流等一系列措施，推动甘肃开放型经济发展迈上新的台阶。

第九章

向西开放战略

- 对外友好交往
- 进出口贸易
- 外经合作
- 利用外资
- 对外文化交流
- 丝绸之路经济带甘肃黄金段建设
- “一带一路”战略

对外友好交往

甘肃已与130多个国家和地区建立了经贸联系，与丝绸之路沿线等国家和地区的47个省市结为友好关系。一年一度的“中国兰州投资贸易洽谈会”是中国西部地区重要的盛会，也是甘肃扩大开放的窗口和丝绸之路上重点面向中亚、西亚和欧洲国家的开放平台。甘肃进一步加大进出口贸易、工程承包和劳务合作、境内外资源开发力度，加快“走出去、请进来”步伐。同时，与丝路沿线国家合作更加紧密，积极探索一条开放发展的新路，形成了多层次、宽领域的开放合作新格局。

参加兰州投资贸易洽谈会的外宾

兰州兰石国民油井石油工程有限公司出口“番禺”海洋钻机

进出口贸易

2015 年，甘肃省与丝绸之路沿线 25 个主要国家贸易额增长到 38.75 亿元人民币，同比增长 24.6%（其中出口 38.3 亿元，增长 24.3%），也带动了部分商品的进口贸易。

甘肃省与吉尔吉斯奥什州建立友好关系

2014 年甘肃国际经贸合作研讨会在敦煌召开

外经合作

目前，对外劳务合作领域已拓展到中西亚、中东欧、非洲、东南亚和拉丁美洲等 40 多个国家和地区。其中，向非洲派出 3917 人，向中西亚、中东欧派出 2831 人，分别占整个外派劳务人数的 47% 和 34%，劳务人员人均月均收入达 9500 元人民币左右。2013 年至今（2015 年数据显示），甘肃省外派企业共派出劳务人员 8370 人，外派人数在全国各省市区排名已从原来的第 28 位上升到目前的 22 位，创历史新高。

安哥拉罗安达电视制作中心

利用外资

截止目前，有 11 个中西亚及中东欧国家在甘肃省设立了 23 家外商投资企业，投资总额 5876.8 万美元，合同外资总额 2144.8 万美元。

同时，甘肃依托国家级电商平台，培育由中国国际电子商务中心和外贸协会共同研发的"陇汇通"电商产品，作为向西开放的省级跨境电子商务应用平台。建设白俄罗斯、伊朗、新疆霍尔果斯 3 个商务代表处的电商平台。扶持一批跨境电子商务企业，建设面向中西亚及欧洲等国家和地区的多种语言网站和数据中心。甘肃淘宝网"特色中国——甘肃馆"建成已正式上线。

骊靬客人

对外文化交流

近年来，甘肃省对外文化交流实施“走出去”、“请进来”战略，通过演出、展览、学术交流等方式，推进甘肃文化走向世界。《敦煌乐舞》《丝路花雨》《大梦敦煌》剧组赴澳大利亚、美国、马来西亚、新加坡、韩国、日本等国家和港澳地区进行巡回交流演出。特别是近年来，为进一步推动中非文化交流和相互了解，甘肃的艺术团赴非洲的埃塞俄比亚、毛里求斯、纳米比亚、博茨瓦纳、坦桑尼亚、加纳、津巴布韦等国圆满地进行了友好访问演出。这些有影响、规模较大的对外文化交流活动，向国外展示了甘肃悠久历史和灿烂文化，以及改革开放和充满活力的良好形象，扩大了甘肃的影响。

甘肃举办敦煌国际葡萄节

丝绸之路经济带甘肃黄金段建设

在历史上，甘肃就是丝绸之路上的商贸重地，像敦煌、酒泉、张掖、武威、兰州、天水、平凉、武都都是这条线上非常重要的商埠重镇，甘肃是这条线上重要的战略通道。另外，河西走廊又是一个重要的绿洲走廊，河西走廊构成了丝绸之路的战略通道、咽喉要道。

习近平总书记提出共建丝绸之路经济带的战略构想后，甘肃省着重在丝绸之路经济带建设中的历史地位和作用、现实基础和优势、下一步思路和重点等进行深入研究。在工作推进方面，先行推进经贸文化交流合作，就丝绸之路经济带甘肃段建设方面已经提出了具体工作事项，并且积极向前推进。甘肃省还正在抓紧申请设立兰州新区综合保

19 个丝绸之路沿线城市代表共同发表了《丝绸之路城市旅游合作宣言》

小链接

丝绸之路经济带

2013年由中国国家主席习近平在哈萨克斯坦纳扎尔巴耶夫大学演讲时提出。丝绸之路经济带是中国和西亚各国之间形成的一个经济合作区域，包括陕西、甘肃、青海、宁夏、新疆等五省区，西南重庆、四川、云南、广西等四省市区。

税区，并逐步扩大向中亚西亚出口高原夏菜、中药材、苹果等农副土特产品和鲜活农产品的规模，并积极开展教育培训、中医药合作等。

2014年6月22日，在卡塔尔首都多哈举行的联合国教科文组织第38届世界遗产委员会会议上，由中国、哈萨克斯坦、吉尔吉斯斯坦三国联合申报的“丝绸之路：长安——天山廊道的路网”通过审议列入了《世界遗产名录》。入选该项目的遗产地共33处，其中包括甘肃麦积山石窟、炳灵寺石窟、锁阳城遗址、悬泉置遗址和玉门关遗址。这是继1987年敦煌莫高窟和万里长城——嘉峪关被列入《世界遗产名录》之后，时隔27年，甘肃首度新增世界文化遗产5处。至此，甘肃的世界文化遗产地总数增至7处。

甘肃是丝绸之路的黄金通道，已经列入世界遗产名录的7处遗产地既属于丝绸之路的有机组成部分，也有着突出的自身特点和价值内涵。展示、教育和研究工作都将沿着这条主线开展，充分传播、弘扬丝绸之路文化，将甘肃丝绸之路遗产地打造为丝绸之路经济带黄金通道上的文化旅游胜地。

世界遗产名录——麦积山石窟

因山形酷似农家麦垛之状，故名。石窟窟龛凿于垂直崖面上。存有窟龛 194 个，其中东崖 54 窟，西崖 140 窟，泥塑、石胎泥塑、石雕造像 7800 余尊，最大的造像东崖大佛高 15.8 米，壁画 1000 余平方米。麦积山石窟为中国四大石窟之一，被誉为“东方雕塑馆”。

世界遗产名录——炳灵寺石窟

位于永靖县积石山的大寺沟西侧的崖壁上，“炳灵”为藏语“仙巴炳灵”的简化，是“千佛”“十万弥勒佛洲”之意。存有窟龛 183 个，石雕造像 694 身，泥塑 82 身，石窟以位于悬崖高处的唐代“自然大佛”（169 窟）以及崖面中段的众多中小型窟龛构成其主体。

世界遗产名录——锁阳城遗址

锁阳城之名缘于清代民间，因城周围有诸多味美甘甜的锁阳，后人因物命名。位于瓜州县锁阳城镇，是集古城址、古河道、古寺院、古墓葬、古垦区等为一体的古文化遗存地，这里的古代军事防御系统和烽燧信息传递系统是中国保存最为完好的典型范本。

世界遗产名录——悬泉置遗址

悬泉置遗址属全国重点文物保护单位，位于甘肃省敦煌市。巴黎藏敦煌遗书（沙州都督府阁经）有记佛龛之文曰："右在县东（寿昌县）六十里，香旧图云，汉（阙）佛龛百姓更营造。"推测文中所记佛龛当指此。据此可知，西千佛窟始创年代应早于莫高窟，至少应与莫高窟属同时代建造。

玉门关遗址

世界遗产名录——玉门关遗址

玉门关遗址位于甘肃省敦煌市城西北 80 公里的戈壁滩上，一名小方盘城，是长城西端重要关口。相传著名的"和田玉"经此输入中原，因而得名。它是古代"丝绸之路"北路必经的关隘。现存的城垣完整，总体呈方形，东西长 24 米，南北宽 26.4 米，残垣高 9.7 米，全为黄胶土筑成，面积 633 平方米，西墙、北墙各开一门，城北坡下有东西大车道，是历史上中原和西域诸国来往及邮驿之路。北望长城犹如龙游瀚海。俯仰关外，大地苍茫，人迹罕至，故唐代诗人王之涣有"春风不度玉门关"之句。

锁阳城遗址

“一带一路”战略

国家“一带一路”建设战略的实施，为甘肃省打开了对外开发开放的新“窗口”，将原本地处西部偏僻开放“后方”的甘肃推到了向西开放的“前沿”，也给甘肃众多企业实施“走出去”战略创造了发展机遇。近年来，我省企业紧抓国家鼓励“走出去”的政策机遇，重视与丝绸之路经济带沿线国家的合作，充分利用国际国内两个市场、国际国内两种资源，开展对外投资、对外工程承包和劳务合作，取得了可喜成果。

2015 年 8 月以来，甘肃省先后在伊朗、白俄罗斯等国家举办展示展销会，取得积极成果。与伊朗、白俄罗斯、哈萨克斯坦、吉尔吉斯斯坦等丝路沿线国家签约经贸合作项目 83 个。特别是甘肃在伊朗商品展示展销会上签约项目履约情况较好。据海关统计显示，截至目前，甘肃省企业向伊朗出口贸易达 9800 万美元，比去年全年增长近一倍。

加快向西开放，离不开战略平台的支撑。2014 年以来，甘肃省先后在白俄罗斯明斯克市、伊朗德黑兰市和我国新疆霍尔果斯口岸设立了三个商务代表处，加强与驻在国（地区）政府部门、商会、企业、金融机构交流沟通，为我省有关部门和企业开展考察调研、项目对接、宣传推介、举办展会等活动提供信息咨询、协调联络等服务，成为我省推进向西开放重要的战略支点和服务平台。推进口岸建设，加快互联互通步伐。目前兰州新区综合保税区已获国家批准，面向中西亚中东欧出口基地的招商引资力度进一步加大。武威保税物流中心已经封关运营。敦煌口岸开放进入最后审批阶段。兰州中川机场国际航空口岸在客运全面开放的基础上，正在加快完善国际货运设施。

来甘肃参观洽谈的外宾

参加每年甘肃国际经贸合作研讨会的各国驻华大使、商务参赞

丝绸之路（敦煌）国际文化博览会

经中国政府批准，首届丝绸之路（敦煌）国际文化博览会于2016年9月20日至21日在中国甘肃省敦煌市隆重举办。“敦煌文博会”是目前中国政府举办的惟一以“一带一路”文化交流为主题的高端论坛和文化展示平台，是推动“一带一路”建设的重要组成部分，是面向“一带一路”沿线国家的开放性、包容性、国际化、多元化、立体式的文化交流合作平台。

丝绸之路（敦煌）国际文化博览会将长期举办，2016年举办首届，之后每年举办一届，甘肃省敦煌市为永久会址。文博会以“文化”为核心主题，探索“一带一路”沿线国家文化交流合作的新途径，促进相逢相知、互信互敬、民心相通。“敦煌文博会”不仅是中国的盛会，更是沿线各国、各地区共同的盛会。

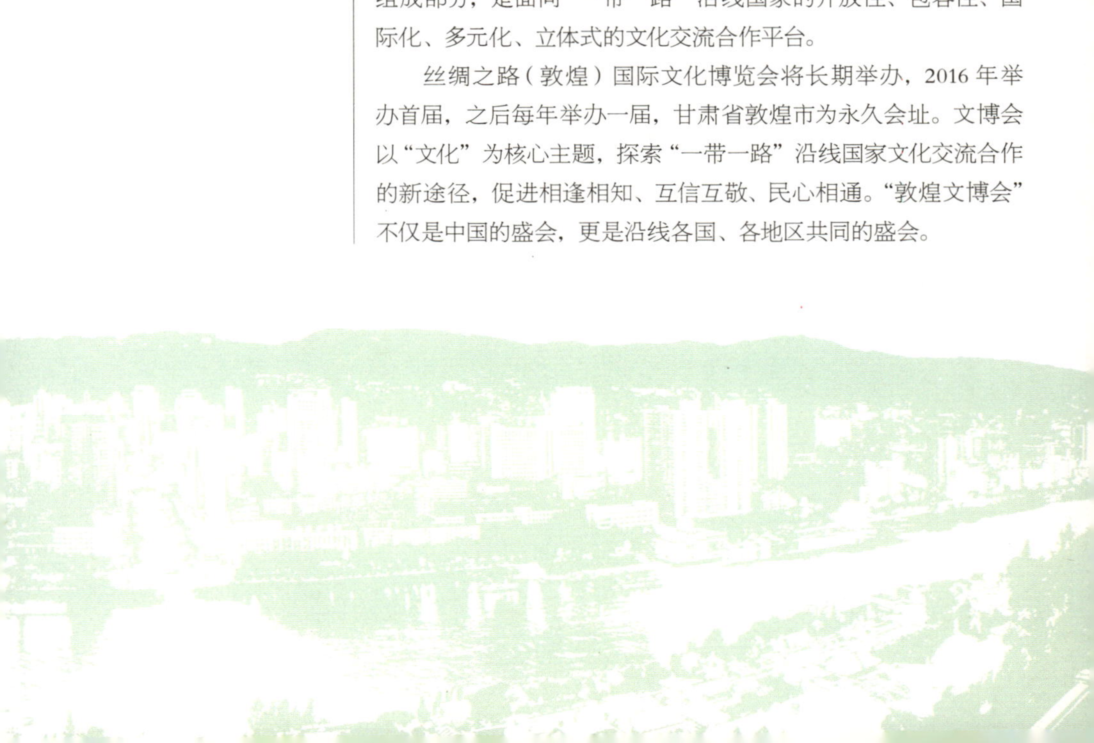

国家为甘肃量身定制了若干政策，政策叠加效应为实现开放开发、转型跨越、富民兴陇大业创造了强有力的支撑。赋予了建设“国家循环经济示范区”、“华夏文明传承创新区”、“国家生态安全屏障综合试验区”的历史使命。兰州新区为第五个国家级新区，和关天经济区同时被确定为全国重要的新能源基地、有色冶金新材料基地和特色农产品生产与加工基地。

第十章

专题

- "3341"项目工程
- 兰州新区
- 关中——天水经济区

“3341”项目工程

甘肃实施“3341”项目工程，即打造三大战略平台、实施三大基础建设、瞄准四大产业方向，确保到2016年全省固定资产投资规模超过1万亿元。这项工程由4个层次构成，3个不同而又互有交叉的战略层面，最终统一到一个“1”的目标里面：

“3”——打造三大战略平台；

“3”——实施三大基础建设；

“4”——瞄准四大产业方向；

“1”——确保到2016年全省固定资产投资规模超过1万亿元。

三大战略平台 绘就发展蓝图

三大战略平台是指打造以兰州新区开发建设和循环经济示范区建设为重点的经济战略平台、以华夏文明传承创新区建设为重点的文化战略平台、以国家生态屏障综合试验区为重点的生态战略平台。这三大平台，既是甘肃当前谋划实施一批带动作用明显、事关长远的产业项目、循环经济项目、文化项目和生态建设项目的主要基础，也是争取国家对甘肃省项目支持的重要依据。

兰州新区的开发建设中，甘肃计划引进和建设一批起点高、规模大、带动力强的重点项目，努力建设产业实力雄厚、资源利用集约、生态环境良好、人民生活幸福的现代化产业新区，最终建成西北地区重要的经济增长极、国家重要的产业基地、向西开放的重要战略平台和承接产业转移示范区。

循环经济示范区建设，计划着力建设七大循环经济基地，培育16条产业链，实施七十二大类循环经济项目，努力使重点产业、重点区域循环经济发展处于全国前列。

华夏文明保护传承和创新发展示范区，是通过建设“一带、三区、十三板块”的文化旅游重点项目，实现从文化资源大省到文化大省的跨越。

国家生态屏障建设保护与补偿实验区，通过探索一条恢复和优化生态环境的良性发展之路，为构筑西北和全国重要生态安全屏障做出更大贡献。

宝天路

三大基础设施　破除制约短板

围绕交通提升、信息畅通和城镇化建设，优先选择实施一批有利于提升全省基础设施条件、改善发展环境的基础设施发展项目。

甘肃地形复杂，许多地方坡大沟深，交通成为制约经济发展的基础性短板。

交通提升建设，提出计划构建铁路、公路、航空等相互配套、高效快捷的立体化现代交通体系，到“十二五”末，全省铁路营运里程达到 6000 公里以上；公路总里程达到 13 万公里，所有市州政府驻地与兰州实现高速连接，进一步提高通县、通乡、通村公路等级等目标。

信息畅通建设，指的是计划建设一批信息化重大项目，实现互联网、有线电视城乡全覆盖，积极推进电子商务，加强社会公众领域信息化服务，大幅度提高信息化建设水平。

城镇化建设则提出着力构建以特大城市为中心、大城市为骨干、中小城市和重点建制镇为基础，大中小并举、功能定位优势互补、空间布局合理的城镇化体系，到“十二五”末使甘肃城镇化率提高到40%以上。

四大产业方向　精准定位发展

四大产业方向，是围绕培育壮大战略新兴产业、特色优势产业、富民多元产业、区域首位产业，集中优势资源，调动各方面积极因素，组织实施一批推动经济转型，跨越发展强劲势头的支出产业项目和富民产业项目。

大力发展战略新兴产业，立足甘肃资源禀赋和产业基础，积极引进战略投资者，着力培育新能源、新能源装备制造、新材料、生物医药、信息技术五大新兴产业，全力打造全国重要的新能源及新能源装备制造基地和有色冶金新材料基地。

做大做强特色优势产业，坚持用高新技术改造石油化工、有色冶金、装备制造、电工电器等传统产业，扩大产业规模，提高技术水准，进一步提升骨干企业和支柱产业核心竞争力，努力把甘肃打造成为全国重要的能源、化工和装备制造基地。

打造富民多元产业，大力发展现代农业、现代服务业、劳务密集型产业以及劳务经济、非公有制经济、县域经济和文化旅游产业，带动城乡居民创业就业、增加收入。

培育壮大区域首位产业，着力打造能够对地方经济起到决定性带动作用的首位产业，形成错位互补、竞相发展的区域产业格局。

最终，这三层战略统一于“3341”项目工程的目标——确保到 2016 年全省固定资产投资规模超过 1 万亿元。

“3341”实施三年　项目建设突飞猛进

甘肃省连续三年超额完成年度投资计划，省列重大项目投资拉动作用进一步增强，项目的经济效应进一步放大。2012 年，全省实施项目 7562 个，新开项目 5508 个，到位资金 4667.7 亿元。2013 年，全省实施项目 9357 个，同比增加 1795 个，新开工项目 6629 个，同比增加 1121 个，到位资金 6308.8 亿元，同比增加 1641.1 亿元。2014 年，省列 160 个重大项目全年完成 1573.1 亿元，占年度投资计划的 105.8%，其中 100 个续建项目完成投资 1428.2 亿元。

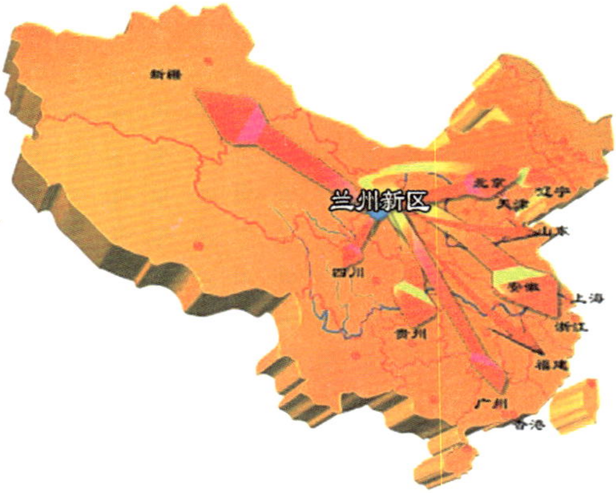

兰州新区

兰州新区位于兰州北部秦王川盆地，地处兰州、西宁、银川三个省会城市共生带的中间位置，是国家规划建设的综合交通枢纽，也是甘肃与国内、国际交流的重要窗口和门户，距兰州市区 38.5 公里，距西宁 198 公里，距银川 420 公里。规划面积 806 平方公里，辖永登、皋兰两县五镇一乡，现有总人口 10 万人。2012 年 8 月，继上海浦东新区、天津滨海新区、重庆两江新区、浙江舟山群岛新区后，国务院批复的第五个国家级新区花落兰州新区。

新区区位优势明显，座中四联，承东启西，连接南北，是西陇海兰新经济带的重要节点；土地和水利资源丰富，地势开阔，适宜大规模集中连片开发建设，引大入秦水利工程横穿新区，水资源完全能满足新区未来发展需求；交通便利，连霍高速、京藏高速以及中川机场构成了立体综合的交通网络体系；国家石油战略储备库、吉利汽车等一批产业项目入驻，初步形成了产业集聚的良好态势。

甘肃省计划通过 5 到 10 年的努力，把兰州新区打造成为战略性新兴产业、高新技术产业和循环经济的集聚区，国家经济转型和承接东中部装备制造业转移的先导区，传统优势产业和现代化服务业的扩展区，向西开放的战略平台，已经有包括中石油国家战略石油储备库、吉利汽车、三一重工在内的多家国内外大型企业落户新区。

新区规划建设石化、高端装备、新能源新材料等七大产业集群以及高新技术产业等五大片区。经过5到10年的建设，兰州新区将发展成为甘肃省乃至西北地区跨越式发展的重要经济增长极，成为西部地区特色鲜明、功能齐全、产业聚集、服务配套、人居环境良好的现代化新区。

兰州新区的发展目标是产业强城、生态绿城、多湖水城、现代新城。总体目标是兰州新区要成为国家战略实施的重要平台，西部区域复兴的重要增长极，兰州城市拓展的重要空间。

规划期限为2011～2030年，规划范围为兰州新区全域，兰州新区行政区划范围面积806平方公里。规划重点为规划研究、产业布局和城乡统筹。

兰州新区未来顶层设计的终极定位，应该是：未来之都，千湖之城。定位“未来之都”就是树立了发展新兴产业的旗帜，有利于新兴产业聚集。未来产业就是新兴产业，兰州已经把新材料产业及新能源产业、文化创意产业、生态环保产业等为兰州战略性新兴产业的发展重点。

兰州新区建设的四大战略定位是西北地区重要的经济增长极、国家重要的产业基地、向西开放的重要战略平台、承接产业转移示范区。根据资源和生产要素禀赋、区位条件以及新区在甘肃省乃至西北地区发展中所承担的功能，确定了推进产业结构调整、加强生态环境保护与建设、推进城乡统筹发展和深化改革开放等四个重要发展方向。

建设中的兰州新区

关中——天水经济区

简称“关天经济区”，2009年经国务院批复通过，其范围包括陕西省的关中平原地区及甘肃省天水地区，共六市一区。经济区以大西安（含咸阳）为中心城市，宝鸡为副中心城市，天水、铜川、渭南、商洛、杨凌等为次核心城市。依托陇海铁路（欧亚大陆桥）和连霍高速公路，形成中国西部发达的城市群和产业集聚带与关中城市群相呼应。该区域为中华文明发源地，十三朝古都西安、炎帝故里——青铜器之乡宝鸡、羲皇故里天水等文明发祥地。

关中——天水经济区的总体目标定位是：建设成为西部及北方内陆地区的“开放开发龙头地区”，“以高科技为先导的先进制造业集中地，以旅游、物流、金融、文化为主的现代服务业集中地，以现代科教为支撑的创新型地区，领先的城镇化和城乡协调发展地区，综合型经济核心区，全国综合改革试验示范区”。农业方面，要建成全国重要的在世界上有重要影响的果业、畜牧业基地，建成全国农业示范基地和航天育种基地。经济每年以12%的速度增长，到2020年农民人均纯收入达到11500元。

构筑“一核、一轴、三辐射”的空间发展框架体系。

“一核”：即西安（咸阳）大都市，是经济区的核心，对西部和北方内陆地区具有引领和辐射带动作用。

“一轴”：即宝鸡、铜川、渭南、商洛、杨凌、天水等次核心城市作为节点，依托陇海铁路和连霍高速公路，形成西部发达的城市群和产业集聚带。

关中——天水经济区区位与范围图

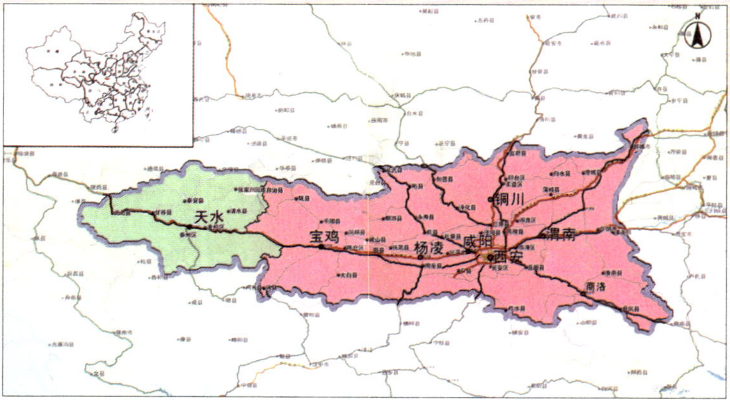

“三辐射”：即核心城市和次核心城市依托向外放射的交通干线，加强与辐射区域的经济合作，促进生产要素合理流动和优化配置，带动经济区南北两翼发展。以包茂高速公路、西包铁路为轴线，向北辐射带动陕北延安、榆林等地区发展；以福银高速公路、宝鸡至平凉、天水至平凉等高速公路和西安至银川铁路为轴线，向西北辐射带动陇东平凉、庆阳等地区发展；以沪陕、西康、西汉等高速公路和宝成铁路、西康铁路、宁西铁路为依托，向南辐射带动陕南汉中、安康和甘肃陇南等地区发展。

关　中

关中，或关中平原，指陕西秦岭北麓渭河冲积平原，又称关中盆地，其北部为陕北黄土高原，向南则是陕南山地、秦巴山脉，是陕西的工农业发达和人口密集地区，号称“八百里秦川”。关中地区总面积 6.55 万平方公里，行政范围包括西安、铜川、渭南、宝鸡、咸阳、商洛等 6 个城市，集聚了全省约 60% 的人口。以西安为中心的关中地区，在全国区域经济格局中具有重要战略意义，被国家确定为全国 16 个重点建设地区之一。

天　水

甘肃省天水市位于甘肃东南部，东临陕西省宝鸡市，西、北、南分别与定西、平凉和陇南相接，有“陇上小江南”之称。总面积 14392 平方公里，全市横跨长江、黄河两大流域，新欧亚大陆桥横贯全境。天水经济开发较早。新中国成立后，工业发展较快，特别是国家“三线”建设时期，一批企业相继搬迁天水，天水逐步发展成为西北地区的重要工业城市，是国家老工业基地之一。目前有工业企业 749 家，形成了以加工制造业为主体，电子电器、机械制造、轻工纺织三大行业为主导，食品、建材、化工、冶金、皮革、烟草、塑料等行业竞相发展，门类较多、技术装备较好、具有一定实力和特色的区域工业体系。

常用电话

匪警　110
火警　119
急救中心　120
市话故障申告台　112
全国道路交通故障报警台　122
用户投诉服务台　180
电话号码查询　114
报时台　117
邮编查询　184
民航问讯处　0931-8821964
航空货运　0931-8824822
城关供电急修　0931-8824437
市自来水总公司　0931-7356954
七里河供电急修　0931-2653531
城关供水急修　0931-8829011
西固供电急修　0931-7555201
七里河供水急修　0931-2334247
安宁供电急修　0931-7667800
西固供水急修　0931-7356217
红古供电急修　0931-6213594
安宁供水急修　0931-7660053
永登供电急修　0931-6422401
兰州火车站问讯处　0931-4632142
榆中供电急修　0931-5222162
煤气报警　0931-8365562
市公安局举报电话　0931-8462922
市检查局举报电话　0931-8466318
市长热线　12345
甘肃省消费者协会投诉电话　12315、0931-8876315
城关区政府　0931-8438963
西部商报新闻热线　0931-8119000
鑫报投诉电话　0931-8870991

医疗服务电话

甘肃省红十字血液中心急救电话　0931-8342263
甘肃兰州急救中心“120”调度室　0931-8461688
甘肃省人民医院急诊科　0931-8262184
甘肃省医学科学研究院　0931-2614521-2063
甘肃省妇科保健院急诊科　0931-2343868
兰州市第一人民医院急诊科　0931-2356344
解放军第四七三医院急诊　0931-7710033
兰州市城关区人民医院急诊科　0931-8474307
武警甘肃省中队医院 120 急救中心　0931-2860575

重要网站

中国甘肃网 http://www.gscn.com.cn/
每日甘肃网 http://www.gansudaily.com.cn/
甘肃文明网 http://www.godppgs.gov.cn/
甘肃党史网 http://www.gsds.gov.cn/
中国兰州网 http://www.lanzhou.cn/

办事机构

甘肃省发展和改革委员会
地址：中央广场 1 号
电话：0931-8487450

甘肃省教育厅
地址：兰州市南滨河东路 571 号教育大厦
邮箱：gsedu@gsedu.cn
联系电话：0931-8721167

甘肃省政府新闻办
地址：兰州市广场南路 51 号
邮箱：gsxwb@126.com
联系电话：0931-8960711

甘肃省商务厅
地址：兰州市城关区定西路 532 号
联系电话：0931-8620039

甘肃省财政厅
地址：静宁路 136 号
联系电话：0931-8891211

甘肃省卫计委
联系电话：0931-4818146
地址：兰州市白银路 220 号

甘肃省政府外事办
地址：兰州 城关区 南昌路 805 号
电话：0931-8418834

甘肃省工商局
地址：金昌南路 279 号
电话：0931-8533011

甘肃省交通运输厅
地址：兰州市酒泉路 213 号交通大厦 1515 室
电话：0931-8481000

甘肃省旅游局
地址：农民巷 2 号
电话：0931-8410368 0931-8411167

图书在版编目（CIP）数据

中国概况. 甘肃/梁和平主编. —北京：外文出版社，2016
ISBN 978-7-119-10221-4
I. ①中… II. ①梁… III. ①甘肃省－概况 IV. ①K92
中国版本图书馆CIP数据核字(2016)第129425号

主　　编：梁和平
撰　　稿：张振宇
图片提供：甘肃省委对外宣传办公室　马　军　马忠贤　王　杰　王生晖　王　诚
王　金　史有东　毕　先　刘　忠　刘二银　刘　晨　朱旭龙　张振宇
张　耘　张子斌　张建华　张俊成　张积杰　张　宾　张新民　张志坚
陈　鹏　何自军　李　健　武翠敏　杨友峰　赵广田　姜爱平　姚　杰
高子强　桑志青　常　宁　黄智杰　梁荷生　崔鸿伟　王永松　亢兆宁
赵苗苗　梁　剑　麻建民　康锦虎　蒋光辉　谢存德　戴友春　徐　旭
张宇文　刘闽江（排名不分先后，如有遗漏，敬请联系）

项目策划：肖晓明
出版指导：胡开敏
出版统筹：于　瑛
责任编辑：曹　芸
特约编辑：田春磊
内文设计：文化·邱特聪
封面设计：大盟文化传播有限公司
印刷监制：冯　浩

中国概况

甘　肃

出版人：徐　步
出版发行：外文出版社有限责任公司
地　　址：北京市西城区百万庄大街24号　　邮政编码：100037
网　　址：http://www.flp.com.cn　　电子邮箱：flp@cipg.org.cn
电　　话：008610-68320579（总编室）　　008610-68327750（版权部）
008610-68995852（发行部）　　008610-68996158（编辑部）

印　　刷：鸿博昊天科技有限公司
经　　销：新华书店/外文书店
开　　本：787mm×1092mm　1/16
字　　数：116.7千字
印　　张：14
版　　次：2016年6月第1版第1次印刷
书　　号：ISBN 978-7-119-10221-4
定　　价：80.00元